U0145683

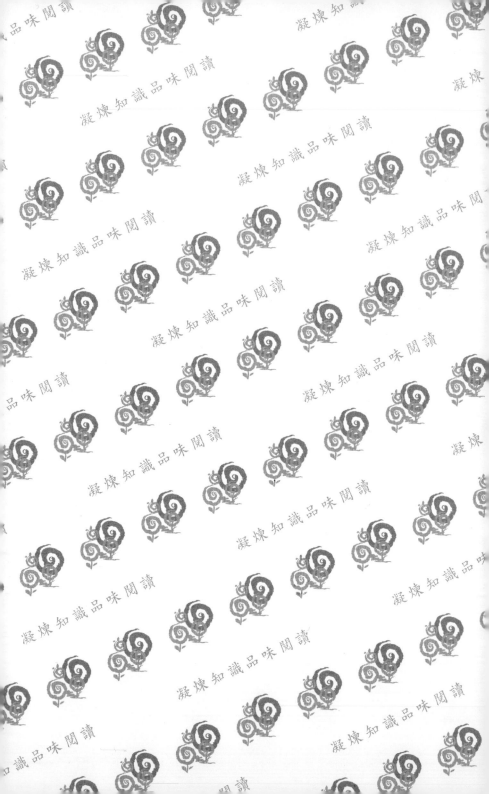

華人領導的
十堂必修課

五南圖書出版公司 印行

自序 Preface

　　做了40年的領導學研究，閱讀了數不清的領導文獻，寫了數以百計的領導研究論文，也出了幾本學術性的專書，可是卻很少有出版科普書籍的念頭，理由無他：也許這代表了個人對創造知識的熱情似乎凌駕於推廣知識之上，喜愛研究甚於教學，偏向作而不述；即使進行知識分享，分享對象也大多是同行的專業學術工作者，而不是實際運用領導知識的實務界人士。顯然地，這樣的作法似乎也反映了本地的學術研究制度不怎麼重視實務應用的特色，因而學術與實務之間總是存在著某種程度的分離。仔細思量，這種分離其實是有些古怪的，因為知識創造的終極目的之一，不就是要能學以致用，淑國裕民，並造福人類嗎？因而，當執掌國家學術政策的機構科技部改弦易轍，號召處於象牙塔內的教授走出來，扮演知識傳播者的角色時，的確令人耳目一新。尤其，對一位資深的學術工作者而言，這種作法也算是對生他養他的社會，有一個投桃報李的回饋機會。

　　論及與領導研究結緣，如果不是冥冥之中自有定數，也許可以歸因於偶然吧！的確，偶然事件對於人生許多重要事情的影響，要比多數人想像的大多了。即使不少職涯發展的教科書都宣稱職涯是可以預先規劃的，但實際上卻總是計畫趕不上變化。因而，最終走上哪條路，常常是因緣際會，隨勢轉折的。作為一位1970年代中期的心理學

研究所碩士生，我除了修習心理學的進階課程之外，也因為興趣使然，常在商學研究所、企業管理研究所及管理科學研究所進進出出，聆聽行為科學、人事管理、組織理論，以及行銷管理之類的課程，渴望瞭解組織中的人類行為及其管理之道。也像許多研究生一樣，為了選擇學位論文的題目而大傷腦筋。一開始有興趣的是消費者行為與廣告心理學的議題，因為廣告的訴求及其表現手法總是扣人心弦，令人印象深刻，尤其是一些敘說故事的廣告短片，更是精采絕倫，足以觸動心靈深處，因此很想瞭解背後的心理機制是什麼？為什麼廣告這種說服方法有效？如何有效？更想藉此進一步登堂入室，一窺堂奧，深究人類的購買行為是如何形成的？受到什麼因素的影響？打定主意後，就開始認真閱讀文獻，研讀相關報告，並勤跑廣告公司參與市場調查、資料分析，以及文案發想等等的實務討論。可惜，此一美夢從未成真，因為論文的指導教授出國進修去了。在那個通訊不是很方便的時代，代表著必須另尋方向，另謀出路，就像上帝跑了的信徒，只能投向佛祖的懷抱一般。

於是，乃選擇了領導行為的研究議題。選擇此一議題，當然也是有其因緣背景的。研一修習高等心理學時，曾上臺報告領導與社會氣氛的古典研究。那是一篇極為出色的論文，不但改寫了團體動力學的發展進程，也對領導

學的興起具有關鍵性的作用。作者大名鼎鼎，是二十世紀最傑出的二十大心理學者之一的 Kurt Lewin，他與二位團隊成員將群體與領導氛圍依照成員參與決策的程度，區分為獨裁、民主及放任等三種形式，並以兒童群體及其帶領人作為研究對象來設計實驗，觀察此三種領導作風的效果，結果發現獨裁領導者領導的小組績效最好，但成員的依賴性、抱怨也較高；民主式領導較受到成員的喜歡，即使沒有領導者在場時，仍會自動自發地執行工作活動；至於放任領導的效果則最差。受到此一篇論文的啟發，乃轉向社會與組織心理學的研究議題，探討領導風格的內涵，及其與群體或個人效能的關係。

原先，也企圖模仿前輩的作法，採用實驗室研究或是準實驗的方式，來查看不同的領導作風（包括工作取向與人際取向）的差異效果，可是指導教授挑戰說：領導人要從何而來？要接受多久的領導訓練？能夠如期完成論文嗎？他說得十分有道理，於是又另擇他途，改採問卷調查的作法，實地進入工廠去蒐集各部門主管的領導行為及其管轄人員績效的種種資料，以驗證所推論的假設。研究對象是一家業績優異、在臺灣排序前三名的鞋廠，不但慷慨提供了研究場域，而且彼此合作愉快，因而，結下了更為深厚的緣分，合作更為密切，不但開啟了日後家族主義與領導的系列性研究；而且家長式領導與差序領導的原型，

也是透過觀察此一企業主持人與部屬的互動，而逐漸發想出來的。

　　研究所畢業之後，入伍服役，以善盡國民義務，又是十分機緣湊巧的，服務單位剛好成立了軍事心理學研究中心，希望瞭解與提升軍隊的士氣與精神戰力。他們正苦於找不到適當人選負責之際，竟然有人怡怡然前來，眞是天緣璧合。因而，乃名正言順地成了中心的主要執行人員，不但負責研究中心的籌設與開辦，而且每年得執行四項研究計畫。對我而言，這種好運的確是千載難逢的，可遇而不可求，因爲可以就近仔細觀察軍事組織的運作及其領導統御。中心成立之後，馬上就得執行計畫，其中，一個是基層連隊長的領導及其效能的探討。由於連隊乃是軍事組織內的基礎建制單位，因此，瞭解連隊內的垂直關係與上下互動狀況，不但有助於改善連隊長之領導效能，亦可進而提升部屬的士氣，以及軍隊的整體表現。

　　在執行此項計畫時，是先採取質性研究的方式，要求120位左右的預備軍官根據其與連隊長相處的經驗，描述與條列連隊長的領導行爲內涵爲何？接著再用內容分析的方式，去歸類與掌握可能的行爲類別，並寫出爲數可觀的領導行爲題項，再逐一精簡整併，編製成標準化的測量工具，並查看領導與工作績效間的關係。這種作法與1950年代的美國空軍研究頗爲類似，照理說，也應該獲得類似的

領導行為類別。可是，十分有趣的，雖然有些領導行為與美國研究所掌握的領導行為一致，但有一種行為卻是新的類型，並與連隊長的誠信正直、不偏一己之私有關，而可名之為公私分明。公私分明不但是區分領導人優異與否的有效指標，也是後來德行領導概念的肇始源頭。

所謂山不轉人轉，有了這樣的際遇，於是與領導研究乃結下了不解之緣，直到現在。其間，雖然也從事一些其他課題的研究，包括顧客與員工滿意度、人員甄選與派任、工作動機與態度，以及組織文化與價值等等，亦曾參與世界級跨國企業的組織發展與變革的長期計畫，可是，領導研究不但都未曾間斷，而且循序漸進，進一步由點而面逐漸擴大。因而，研究對象由基層督導人員擴及高階的CEO，研究焦點由驗證西方領導模式擴及華人領導模式的發展；並進而由單文化關注擴及多文化取向，由單一領導模式的建立擴及多領導模式的發想，且交織出一張含括多種領導模式與領導發展的研究進路圖。尤其在華人領導方面，更是收穫頗豐，主要原因當然脫離不了時代背景的型塑，也與華人本土組織心理學的興起有關。

在全球化趨勢與 Hofstede 之《文化影響》（Cultural consequences）的專書影響之下，文化因素在社會科學中的角色，逐漸受到重視，研究者企圖透過文化價值，來解釋跨國與跨地區間的人類行為與組織行為差異，並據以降低

全球化所帶來的巨大衝擊。受到此思潮的影響，我的領導研究取徑乃從跨文化比較的角度，轉向本土化的觀點。本土化取向著重於透過本地文化、歷史及制度的耙梳，以掌握本地的組織與領導特色，並據以發展與建構相關理論。因而，開創重於引進，家長式領導的三元模式即是此一研究路線下的產物。

總之，本書可說是對過去數十年來之領導研究的總結，但由於不是書寫一部學術專著，而是要以科普的語言將領導的內涵與精神傳達給大眾理解，所以有一點非正式，或是不夠嚴肅之處。也因此，對原始著作的引註並不那麼地講究，有時甚至未註明出處，這些都是本書的侷限，是需要事先說明的。雖然如此，本書所處理的乃是重要的題材，當然是透過一絲不苟的態度，來獲得可能的結論的，應該可以對領導的實踐者有所啟迪。過去不少人都曾經喟嘆過：「雖然討論管理與領導的書很多，但卻只有極少數的人能清楚瞭解領導人實際上是在做什麼的？」對此評論，衷心希望本書能有一些實質的幫助。

所謂「眾志成城，眾擎易舉」，本書的完成當然是獲得許多人的協助與幫忙的，包括過去與現在的博士班研究生周婉茹、簡忠仁，以及姜定宇，他們對領導都學有專精，而能在一些章節的初稿上貢獻心力，我對他們充滿了無限的感激，但本書的最後成稿與書寫責任則由我自行承擔。

另外，本書的繕打與編排，獲得謝宜瑾助理的鼎力襄助，令人銘感腑內。對科技部與五南圖書出版公司的倡議，以及陳念祖主編的穿針引線，亦深表謝忱。的確，如果本書能有一點成就與貢獻的話，其實都是靠了許許多多人的幫忙。在這個領導人除魅的年代裡，如果本書能具有一些暮鼓晨鐘的警醒作用，使得每位領導人都能夠煥發精神，為人類的福祉做出貢獻，那當然就更是美事一椿了！

鄭伯壎
謹識於國立臺灣大學
2016 年仲夏

Contents
錄

第 1 堂
領導綜述

EADER

領導綜述

臺大領導學程與南湖大山縱走事件

臺灣大學校門

臺大領導學程成立於 2008 年，是由曾任管理學院院長的會計系教授籌辦成立的，屬於任務編組的鬆散教學單位。其創立的目的旨在培養臺大學生的領導知能，期許學生在踏出校門之後，能夠成為各方領域的傑出領導人才，並矯正臺大畢業生一向所受到的團隊精神不佳、關懷包容不足等等的批評與詬病。學程揭示了六大精神，分別為願景（Vision）、誠信（Integrity）、關懷（Care）、團隊（Teamwork）、樂觀（Optimism）及負責（Responsibility），六個英文字的字首連在一起，就是 VICTOR，即勝利者的意思，並依此來設計學程的圖徽。學程隸屬在負責通識教育的共同教育中心之下，編制有兩位行政人員，所有的師資都是來自於其他學院或是業界的兼任老師，專長十分多元，但並未包含有領導研究的專業人員在內。

所有的課程當中，攀爬大山的活動及其行程規劃之「團隊學習與戶外領導」是重要的體驗課程，曾先後在尼泊爾的喜馬拉雅山區進行「戶外學習與國際服務」，以及攀爬臺灣南

湖大山的戶外活動。2015年暑假，此課程的期末考是要求25名學生背負30公斤的裝備，展開十天九夜的南湖大山縱走。南湖大山標高3,742公尺，是臺灣中央山脈第三高峰，地勢陡峭。根據專業登山客的說法，走完全程需要不錯的體能與良好的訓練，裝備也必須充分。對參與學生而言，由於每個人裝備需要1萬元，加上其他食宿、交通及保險等等的費用約1萬元，每人大約需要2萬元，整個團隊總共需要50萬元的

喜馬拉雅山攻頂之旅是山友的夢想

預算。為了籌湊這筆經費，學生乃在網路上公開募款，並標名為「Climb for Taiwan」（為臺灣而爬），強調他們都是未來的社會菁英，前途光明，發展無可限量，將極有機會成為臺灣社會「具有重大影響力」的一員，因此值得社會大眾「投資」他們，就像灌溉栽培一顆擁有無限前景的種子一樣。

　　公開上網之後，雖然募得了一些費用，卻也引發了網友的負面批評與揶揄。不少網友抨擊爬山不具社會公益性質，

攀爬大山是一種自我挑戰訓練

募款動機值得商榷；又說，臺大學生得天獨厚，是天之驕子，已獲得國家巨大資源的挹注，不應以勸募方式來攫取更多的社會資源。隨後，引起了臺灣眾多媒體的注意，討論與指責於是排山倒海而來。為此，課程負責人的物理系教授出面澄清，強調攀爬大山是一種團隊領導訓練，對外募款是他出給學生的高難度作業，因為對學生而言，在臺灣募款並不容易，希望他們能夠勇於面對社會現實，知難而進，「碰觸困難的事，且接觸真實社會，體會失敗的經驗。」因此，要求學生不能打工籌措預算，也不能伸手跟家裡要錢，而需要透過理念的闡述，讓臺灣社會相信他們是值得投資的，進而願意出錢贊助。也因為對同學有信心，所以上網的企劃文案他都沒有過目。現在發生了這件事情，是他始料未及的，也讓他學習很多。

學生的回應則是社會誤解了他們，因為太多細節沒有解釋清楚。公開掛網募款是因為每家贊助企業要求的申請文件不同，為求方便，所以才掛網徵求贊助者。以前私下勸募，似乎沒有遇到太多問題，也沒有發生風波。現在既然引發批評，他們會針對此事進行檢討、加以改進，但還是會持續募款；而且也強調募款活動已獲得不少企業的支持，代表事情見仁見智，這些企業並沒有因為社會大眾的批評而反悔縮手。

　　然而，這些解釋並未能平息眾議，風波持續延燒，媒體競相報導。在各界的壓力之下，學生進一步做了公開的澄清，並寫了一篇「我們的疏失」的文章，認為他們所犯的重大錯誤為：

募款需要動機純正

「將以企業為對象的募款資訊平臺公開呈現，使大眾誤解為公眾募款。……企劃書內容有很大的改善空間。」事件發展至此，看起來批評與回應之間，似乎是雞同鴨講，存有不少落差，於是臺大校長乃在疏失文章投書十餘天後做了公開回應，認為臺大師生的作法是有問題的。理由是臺灣社會對臺大人有比別人更高的期待，事件既已造成社會觀感不佳，因而涉及的師生都需要反省，虛心接受外界批評：「錯就是錯」、「該改就改」，臺大人必須更加謙虛。同時，表示下一年度的「領導學程」可能不再開授，或是更改一個比較「謙虛」的名稱，例如「僕人式領導」之類（清華大學副校長則建議以立德學程命名），因為領導學程給人一種高高在上的感覺。如果持續開課，也不能以「登山壯遊」的名義來募款；並聲明不會再挪用教育部的「邁向頂尖大學經費」，來補助領導學程的戶外團體活動。

　　消息一出，有的學生與大眾鼓掌叫好，有的卻不以為然，認為聽信一面之詞，決策偏頗；而且有人反對就改弦

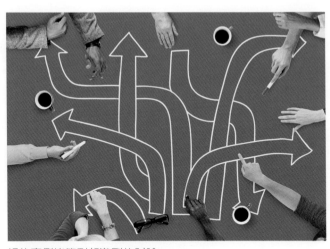

好的案例能夠引起激烈的討論

易轍，實在是因噎廢食；更改學程名字更是換湯不換藥，未搔著癢處。另外一位曾經一起創辦學程的老師更是意有所指地說，這些宣示都是因為校長換人，新的領導班子上臺，而對學程有不同的觀點。前任校長之所以創立領導學程，是基於希望培養出一群社會菁英，但新任校長卻不做此圖，想引導到公共服務上。顯然雙方對領導學程的定位，本就意見分歧。至於登山募款的爭議，只是壓倒駱駝的最後一根稻草⋯⋯。

這是一個非常好的領導教學案例，能夠引起激烈討論的問題不在少數，而且應該可以導出許許多多的洞見。在這裡，不想涉及事件的種種詮釋，以及其中的羅生門，只提出幾項值得深思、與領導有關的議題，來加以討論，並作為理解什麼是領導的開場。這些問題包括：求勝是領導之道？領導是人人能教嗎？登山能提升領導力嗎？以及臺大的危機領導處理合宜嗎？

求勝是團隊領導之道嗎？

深思1 求勝是領導之道？

　　臺大領導學程六大精神組合為 VICTOR，似乎暗喻著臺大領導學程的成功標準是：受訓者可以成為人生或社會的勝利者。姑且不論六大精神各個英文字的涵義，但組合成勝利者則隱含著求勝是領導之道。也就是說，作為一個人或是作為一位領導人，勝利是很重要的。可是，這種引申的意義卻與真正的領導之道相去甚遠。如果以華人的文化傳統而言，什麼是領導之道呢？答案雖然見仁見智，但內聖外王應是首選。也就是說，領導者首重自我修養，必須先能修身以道，磨練自己的品格與品味；再推己及人，濟世以道，富國裕民，所以才有誠意、正心、修身、齊家、治國、平天下的說法（如圖 1-1 所示）。因而，領導者不但不能獨善其身，而且還得推己及人，兼善天下。因而，以領導本質而言，就

領導者需以大眾的利益著眼

是個人要做好義利之辨，明辨是非，利人利他，再擴而大之，造福鄉梓或更廣大的社會群體。因而，造福大眾才是領導的真諦，領導者需要己立立人，己達達人，所以聖哲才一再強調領導人需要修己以安人，修己以安百姓，進而修己以安天下。

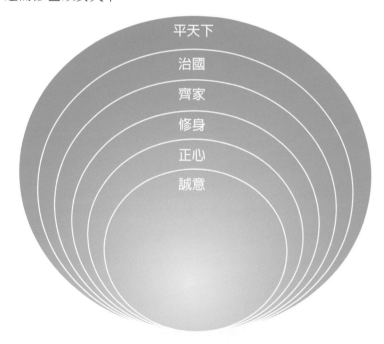

平天下

治國

齊家

修身

正心

誠意

圖 1-1　內聖外王的領導之道

　　西方主要領導教育機構的領導課程設計，亦深諳此項原則，因而，從系統概念出發，領導者由瞭解自己的特性與磨練開始，逐漸擴大為領導他人、領導團隊、領導組織，以及領導社會，彼此也是環環相扣的。也就是說，領導者的發展與成長是從修養自己出發，而逐漸擴張的，首先，瞭解自己、祛除私慾，先做一位負責的人，再去同理他人（尤其是追隨者），並擴展至小團體的團隊、組織的高階團隊的領導，再帶動社會向上成長。因此，領導之道的目的並不在求勝，而在利他、追求至善，展現無緣之慈、同體之悲的情懷。因而，當臺大領導學程的學生為自己的登山而募款時，實乃違反領導之道，受到批評也是勢所必然的。

 深思2　領導是人人能教嗎？

　　查看臺大領導學程授課師資的背景，大致可以瞭解對此項問題的回答應是肯定的，即人人都可以教授領導，人人都可以是領導老師。為什麼人人都可以教導領導，其基本預設在於每個人從兒童時期開始，或多或少都曾經是一位領導者，都擁有許許多多的領導經驗，因此都夠資格來傳授自己對領導的見解。何況，有那麼多的領導人是如此的成功，其經驗當然更值得傳承。因此，在浩瀚無涯的領導書海中，這種人人能教領導的書籍汗牛充棟，比例很高；也因為故事生動有趣，又容易閱讀，極能討好讀者，常能洛陽紙貴，暢銷一時。這樣的觀點其實是反映了領導文獻的傳統之一，即吟唱傳統（troubadour tradition）。所謂吟唱是指每個人都可以

像吟遊詩人般，對領導指
天說地一番，陳述自己對
領導的心得與感想，因而
前任領導人會大談其領導
經驗，而退休老人會著書
立說，盤點其歷史回憶

錄；或諸如像耶穌一樣的　吟唱傳統

領導、佛教高僧談領導等等的偉人領導心傳；或是像《誰搬
走了我的乳酪》、《為將之道》之類現身說法的暢銷書籍。此
一傳統的著作因為描述簡單，貼近個人體驗，所以大多十分

佛教高僧談領導的書籍頗為暢銷

流行。不幸的是，流
行不代表正確，個人
體驗很難區分事實與
虛構、準確與偏見之
間的分野，也無法確
定什麼法則可以應用
到什麼環境之中。顯
然地，臺大領導學程

正彰顯了這種吟遊詩人式的教學傳統，領導人人可談，亦人
人可教。

　　另一個傳統則是學術傳統（academic tradition），這是使
用科學方法，實地觀察領導現象，蒐集許許多多的經驗性資
料，一方面透過歸納法來建構理論，一方面透過演繹法來檢
證理論，以得出有效領導的結論。由於堅持嚴謹與證據，
所以所獲得的結論與原則是較為可信的，也較為有效。問題

第 1 堂
第 2 堂
第 3 堂
第 4 堂
第 5 堂
第 6 堂
第 7 堂
第 8 堂
第 9 堂
第 10 堂

是因為學術傳統是以做研究為基礎的，許多成果都是為領導學研究者撰寫與討論的。面對領導實務工作者提供必要的應用服務，並非其分內的事。因而，領導實務工作者或一般的領導人對學術傳統下的研究結果缺乏瞭解管道。同時，學術語言自有一定的格式、標準及邏輯，較為艱深難懂，而不易讓領導實務工作者親近。除此之外，領導的科學知識也很少提供一套簡單的規則來處理實際問題。因此，多數實務工作者並不喜歡學術性、科學性的作品，而較喜歡閱讀吟遊式的流行書籍與文章。然而，喜歡不見得合理，這些吟遊式的文章看似有效、有用，但因為很少建立在確實與嚴謹的證據之上，也過度簡化領導過程的複雜性，而可能得出適得其反的建議。對實務工作者而言，常常是未蒙其利，而先受其害。這樣的流弊在臺大領導學程的案例中，顯然也不難尋找。因此，較佳的作法也許是立基於學術研究的基礎上，提供合乎邏輯、合理及簡單的架構，來說明已知的事實，加以整合，並由此提供較為紮實與合乎證據的建議。

這樣的立論點也與當前管理學界所提倡的循證管理（evidence-based management）一致：循證管理認為市面上所流行的許多管理祕方與主張，都沒有經過嚴格的科學過程與邏輯分析的檢驗，因此似是而非，真相與謊言無法區分，而使得群體與組織蒙受巨大的傷害。因此，管理者必須努力、用心，採用以事實證據為基礎的管理作法，運用好科學（good science）的研究成果來進行決策，方可避免錯誤，提升效能。

深思3 登山能提升領導力嗎？

　　登山是戶外探險活動中的一種，在設計成教育訓練的課程之後，希望從實際的登山過程與體驗當中，透過教練指導、個人體驗及團隊運作，獲得必要的領導知能。這種訓練

登山能提升領導力嗎？

在當前臺灣的各種機構的訓練中頗為流行，活動包括玉山攻頂、聖母峰健走、百岳攀爬等等的形式，試圖從探險活動的過程中，學習團隊建立、人際互動、領導

決策的技能，並突破體能侷限、意志考驗，來激發心靈的成長。其基本想法是高山遠征涉及天候、地形、海拔、空氣、溫度、高度的激烈變化，環境詭譎複雜，挑戰了所有參加者的攀爬、野炊、宿營、判斷等的維生技能；以及資訊解讀、人際溝通、集體決策等等的團隊互動品質。因此，可以幫助個人提升反思能力，更加瞭解自我；亦可促進群體互動，培養團隊建立、支持同儕的同理能力，以及溝通與決策等領導技巧。因此，受到不少機構與組織在培養領導人方面的歡迎。

　　可是，這種具體的經驗要能夠成為個人的領導原則與普遍化的結論，是有條件的。首先是課程的設計必須緊密結合具體事件與領導理論，使具體的活動與技能間形成細緻的學習地圖（learning map），描繪出核心領導概念及其發展路

徑，以及相關學習活動，方能使學習者透過具體事件，學到重要的領導法則。其次，是學習者要有旺盛的學習動機，在實際作業中，努力投入學習活動；也要時時刻刻反覆思索，從各種角度來檢視種種體驗，來形成概念原則；第三，登山教練要具有帶領團隊討論的經驗，協助尋找事件背後的脈絡與意義，並激發參加者的集體思考，尋找集體解決問題的共同經驗。最後，所獲得之領導概念與原則，需要具有跨情境的類推性，可以類推到各種實際工作環境當中；或具有學習遷移效果，使得參加者能舉一反三，實際應用在日常生活或工作場域中。

　　如果以上的條件無法滿足，則登山訓練的效果可能與一般登山差異不大。因此，登山教學的課程設計是需要進行審慎的評估。否則，倒不如透過觀看類似《聖母峰》之類的山難電影，進行案例研討，也許能獲得更大的啟發。例如：電影中在登頂最後一哩路時，嚮導對登山成員說：「人的生與死是由這座山決定的。」面對體力的逐漸耗盡，各種人性的突顯，以及雪白蒼茫的原野，很容易體會人在浩瀚的大自然中的渺小，進而啟迪人與大自然的關係並非是人定勝天的，而是鑲嵌在大自然中的和諧共處。

深思4　臺大的危機領導處理合宜嗎？

　　在領導的種種處理過程中，也許難度最高的是危機領導，因為必須當機立斷，在極短的時間內，果決地採取睿智行動，否則必然會演變成災難，造成極大的傷害。這種領導

2009年莫拉克風災之災後重建

在當前日益複雜、多災多難的世界中，愈來愈常見。當領導人的行為表現不當時，則會雪上加霜，危機加上人禍，往往會使得損害與災難更加擴大。這方面的案例，以及造成重大損失的記載，比比皆是。像2009年8月8日的莫拉克風災，因為雨量超乎歷史紀錄，加上危機領導不佳，應變不及，造成小林村滅村，活埋398人的慘劇。危機發生時，領導之所以如此重要，是因為所面對的通常是非比尋常的極端事件，領導人必須臨機應變，進行即時而妥善的處理，否則就會導致一連串出乎意料的連鎖反應，最後錯失控制與處理危機的黃金時間，而由微小的事件，轉變成重大災難。

　　八八風災發生時，政府與相關單位掉以輕心，沒有立即進行遷村行動，中央與地方又欠缺嚴密溝通，互相推諉責任，因而錯失災害控制、防止蔓延的重要時機。因此，居中指揮的領導人是非常關鍵的，他一方面得進行快速而準確的決策、建立指揮體系；一方面得協調合作、整合重要資源。更重要的，由於時間極為有限，必須在急迫中，動員所有的人、設備及物資，建立事件管理與控制的應變體系。

第1堂
第2堂
第3堂
第4堂
第5堂
第6堂
第7堂
第8堂
第9堂
第10堂

　　如果將臺大領導學程登山事件，視同一項足以影響臺大聲譽的危機，則領導人必須負起責任，上下一體、積極投入問題解決，以免事件蔓延擴大，期能在極短時間內落幕，而不至於產生連鎖反應，使得危機的雪球愈滾愈大，甚至危及領導學程的生存。可是，當危機來臨時，當事人的學生在第一時間並未認真瞭解事件的本質、認錯道歉，卻提出辯解式的說明；當事態擴大之後，任課老師亦採取類似作法，只有詮釋與申辯，甚至指出未過目計畫書，顯示師生之間的溝通協調相當不足，十分缺乏團隊概念。等事態更加擴大之後，校級領導人才指示需要中止募款行動，且道歉了事，亦強調學程的名字需要更動，或是廢止學程等等。從一連串事件的演變當中可以看出，臺大整個組織似乎不是一個整體的正式單位，反應零零散散，政出多門，腳步不一；同時，對事件的本質亦缺乏深入與良好的掌握：學生是否可以因個人登山而來募集社會資源？是否可以運用社會的愛心來圖利自己？作為社會菁英，能先利己再利人嗎？事件為什麼迅速蔓延？真正的理由何在？這些問題的關鍵，臺大都沒有認真分析、掌握及控制。其實，這些問題都不難解決。然而，何以致此？也許在所有問題背後，都有一個最根本的重要原因——就是不瞭解什麼叫做領導。

圖利自己的愛心容易碎裂

15

領導是什麼？

很多人都以為領導者就是領導，上司就是領導，權威就是領導，因為這些人處於領導的中心位置，是最顯而易見的，尤其是對一些締造豐功偉業的領導人而言，他們在人類的歷史中，總是扮演著叱吒風雲的英雄角色，在亙古時空中，熠熠生輝。因而，會誤以為領導人就是領導。然而，事實並非如此，領導是一個歷程，而不是一個人，也不是一個職位，它是領導者、部屬及其所處情境三大要素間的互動過程。也就是說，領導者判斷所處環境的狀況，來影響部屬建立協作關係的歷程，用以達成整個團隊的目標。因此，領導是一個動態性的系統，含括了領導者、部屬及情境三要素，以及所存在的互動關係（如圖1-2所示）。同時，領導也是整個組織系統，甚至文化系統的一部分。在系統之內，透過這三者的相互作用，才能把投入的種種資源轉化為想要的產出，以達成組織目標。也因此，領導是一個動態系統，比一般人想像得複雜多了。

例如：領導者與部屬之間的互動過程，會因部屬是屬於自己人或是外人而有所不同：領導者對自己人的部屬較為信任，對他的影響也大於外人；至於自己人的部屬，也對領導者的忠誠度較高，較服從領導者的指示。領導者與情境亦有類似的複雜關係，在危急的情況下，專斷式的領導方式比民主式有效；但在其他狀況則不見得如此。也就是說，領導的互動系統是相當複雜的，必須進行抽絲剝繭式的分析，才能完全掌握。在討論複雜的互動之前，首先要由簡入繁，熟悉

領導的三大要素：領導者、部屬及情境的特性，才能收事半功倍之效。

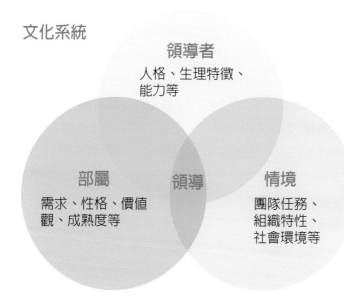

圖1-2　領導及其要素（來源：修改自鄭伯壎，1990）

領導者

　　人心不同，各如其面，領導者究竟具有什麼與眾不同的特性？這是早期領導研究最喜歡提問的問題，希望瞭解傑出的領導者究竟具有什麼與眾不同的性格，或是擁有什麼超凡入聖的神才特質，因而表現優異。在此一思潮下，特別著重於領導人的人格屬性（如自尊、支配、自信）、身體特徵（如身高、體重、外貌）以及才能特性（如智力、創造力、性向）的探討，查看領導者是否異於常人？績效好的領導者與

績效差者的個人特性是否有差異？例如：針對歷代美國總統及落選人的身高進行統計分析後，發現身高較高的候選人，勝選的機會比較大；性格沉著鎮定的領導人，比脾氣火爆者能促使部屬提供較多的訊息；推舉的領導人比指派者較能贏得部屬的信賴，部屬亦有較高的忠誠度。內部升遷的領導人比空降者更能快速地贏得部屬的信任；在進行組織變革時，外來的領導人較可能進行大刀闊斧式的改善活動。

作為領導系統的一環，分析領導者的特性的確可以獲得一些真知灼見，因為某些個人特性是與領導有關的，例如自信、智力、人際技巧等等，但是有更多的特性是關係不大的。同時，光是將焦點集中在領導者身上，亦無法周延地瞭解領導過程。理由是領導者展現影響部屬的行為時，除了受制於個人特性之外，亦受到情境的影響。例如：一位平常表現普通、不起眼的人，在面對危機時可能成為一位傑出的領導者。

南美安地斯山

像電影《安地斯山求生記》的故事中，描述1972年烏拉圭40名橄欖球員及其家屬飛往智利參加比賽，但在飛越安地斯山時卻意外撞山，而滑落在積雪深厚的無名山峰中，有27人倖存。為了求生，他們想盡各種辦法，可是在聽到收音機播出搜救隊在他們待在山上11天後取消的消息時，許多人崩潰了。但劇中男主角卻冷靜地說：「這

表示我們要靠自己離開這裡。」而鼓舞了士氣。於是，組成了三人探險隊下山求救，最後終於救出了其他倖存者。劇中的主要領導者在飛行前看起來笨拙、害羞、

追隨者也可能成為領導人

靦腆，怎麼看都應該只是一位平凡、表現普通的追隨者。但是，在出事之後，其所展現出來的堅毅、勇敢、樂觀、公正及關懷的行為，卻與傑出領導人毫無二致。此故事說明了一位平常看起來不起眼的小跟班人物，在面對災難時，卻可能成為最受愛戴的領導人。因此，進行領導分析時，需要掌握各種可能的特性，進行系統性的思考，的確是相當有道理的。

部屬

　　部屬也是領導系統中的重要因素，但相對領導者而言，卻往往受到漠視。理由是一般人都以為，領導是由領導者起動的，領導者是主要的影響來源；而部屬則只是被動的，只能默默承受，服從與追隨領導者。可是，就像牧童牽牛喝水的比喻一樣，牧童牽牛到水邊，但喝不喝水還是得看牛的決定，雙方是互有影響、互有牽扯的。由此，部屬的期望、需要、性格、才能、價值觀都可能會影響到領導者如何與他互動，並展現領導行為。例如：對於心理與工作成熟度較高的部屬而言，領導者可以讓部屬獨立自主進行工作；但對成熟度較低的部屬，則

牧童牽牛,雙方互有影響

須採取緊迫盯人,給予緊密的指導。人格心理學中的內隱人格理論(implicit personality theory)亦指出:在領導過程中,部屬是相當關鍵的,因為每個人心目中都有一位理想的領導者原型存在。這種原型通常是基於部屬過去與各種領導者互動形成的認知基模;也可能是個人預先存有的特定建構與信念,而成為個人用來知覺、理解、解釋或預測他人之性格、行動及動機的基礎。因此,領導者對部屬表現的影響效果,是與部屬的期望有關的:當領導行為符合期望時,效果較佳;不符合期望時則較差。自主管理亦反映了部屬因素的重要性,當部屬的獨立自主、工作內在動機強烈時,有沒有領導者其實是差異不大的。

既然部屬在領導系統中是重要的一項因素,因此,有些人就針對部屬的特性來進行類型分析。例如:根據部屬個性的獨立或依賴與被動或主動等兩大向度,將部屬區分為五大類型(如圖1-3所示),包括:

I.模範型:這種部屬是獨立主動的,較為自主與積極進取,會對領導者提出異議或不同意見,屬於一位忠誠但不見得完全聽話的部屬,這是許多領導者喜歡的類型。

II.疏離型:這種部屬是獨立被動的,較為憤世嫉俗,對組織持有懷疑的傾向,因而會使領導者覺得此類部屬是消極

敵對的。

III. 綿羊型：這種部屬是依賴被動的，依賴領導者，對工作缺乏熱情與積極主動，因此，領導者需要給予持續的指導或即時的鼓勵。

IV. 服從型：這種部屬是依賴主動的，表現積極，但卻唯領導者之命是從，是團隊中的聽話或親信分子。可是，由於過於依賴領導者，容易產生效忠領導者之私忠。因而，當接受到的領導者指示違反社會規範與組織政策時，可能會傷及組織的福祉。

V. 現實型：這種部屬半獨立半依賴、半主動半被動，對團隊目標的認同普通，有時積極、有時消極，在團隊中表現平平，是熟悉組織官僚遊戲的玩家，領導者不容易察覺他們對問題的真正看法與偏好。

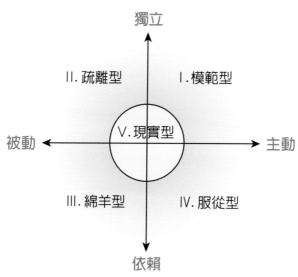

圖1-3　五種部屬的類型（來源：改寫與繪圖自Kelley, 1992）

　　除了上述區分方式之外，當然也有其他區分作法，例如：以部屬的才能高低與承諾大小來區分。不過，不管區分出來的類型為何，其目的乃在於一旦瞭解部屬的類型之後，領導者就可以對症下藥，因人制宜，展現更合適的領導行為。否則，則可能會扞格不入，或適得其反，產生負面效果，就像有些運動教練所說的：「不要教豬學唱歌，因為不但會浪費時間，而且也會惹豬不高興。」總之，在瞭解領導時，需要同時考慮領導者與部屬，以及兩者間的互動關係。除此之外，也得察看他們所處的情境脈絡。

領導者與部屬類型
需要互相搭配

情境

　　情境是領導的第三個重要因素，情境是由許多改變的力量組成的，包括領導者與部屬所處的種種工作與環境脈絡，對領導者與部屬的互動具有很大的影響力。領導情境至少包含團隊情境與組織情境，以團隊來說，團隊的工作目標、賦予領導者的職權大小、團隊規模、部屬的組成、領導者與部屬的關係，都會影響上下的互動；以組織來說，組織規模、組織文化、組織氣氛、面對的危機事件、組織結構，以及組織的生命週期階段，都是影響領導的重要情境。在領導過程的探討中，最早重視情境因素影響的人，也許是德國社會學

家馬克斯・韋伯（Max Weber），他認為領導者是一種組織代理人，領導之所以會發生，是基於領導權威的正當性而來，這是組織依照法規制度所賦予個人的。所以在組織裡面，領導者只是所有社會網絡與權力網絡中的一個環節，會受限於網絡情境；另外，一旦權威正當性移除時，領導就消失了。

　　因而，一個領導者在領導部屬時，究竟表現獨裁或民主式的作風，需要看組織情境而定，當組織政策較偏好專權獨斷時，領導者會表現出獨裁；反之則較偏向民主式作風。在科層組織中，由於法規制度的約束較為嚴格，因此，領導者的行為彈性較為有限；但在鬆散的組織中，領導者的職權較大，能夠發揮更大的影響力。例如：軍隊領導攸關士兵生死、戰役輸贏、戰局勝敗，其所偏好的領導方式，是與大學這種鼓勵創新、開放的學術機構有差異的。雖然情境有其重要性，

士兵領導攸關戰場生死

且也不是全部，因為在相同的情境下，也可能展現出不同的領導行為；而且在條件一樣的狀況下，有的領導者表現較佳，有的則表現較差。另外，面對同樣的危機事件之下，有的領導者可以力挽狂瀾，化危機為轉機；有的則是江河日下，由危機而演變成重大災難。因此，必須有系統地掌握領導者、部屬及情境三者間的互動過程，才能瞭解全貌。就像

一位領導專家所說的:「沒有一位絕對優秀的領導者,因為成功的領導有賴於部屬、團隊及情境特性的配合,而這些條件會隨著時間而發生變化。」

領導的互動歷程

　　既然領導是包含領導者、部屬及情境三大因素的互動歷程,因此,需要進行系統性的分析,才能清晰掌握。當把領導現象視為領導者、部屬及情境的互動系統時,則至少包括以下幾項涵義:第一,領導行為會受到領導者、部屬及其所處情境等三者的影響;第二,在這個過程系統中,領導者是一位主動而積極的個體,能夠改變部屬與情境,亦會接受部屬與情境對他的影響;第三,就領導者的方面來看,領導者的認知、情感、動機及能力等等特性都會影響領導行為;第四,就部屬的方面來看,部屬的個性、期望及行為表現等特性也會影響領導行為;第五,就情境的方面來看,情境對領導者所具有的意義、限制,以及促進條件,也都會影響領導行為。因此,領導是相當複雜的,必須進行全觀式的整體剖析。在領導過程中,雖然領導與部屬都有各自的角色要求,也都需要滿足自己的需求、願望、價值及目標,但達成領導目標仍然是最主要的。也只有達成目標後,才能滿足雙方的需要與期望。因此,領導本身是具有功能性的,需要完成被賦予的任務,達成使命。在穩定、變化較小的情境下,此種上下互動過程會固定下來,而形成約定俗成的互惠關係,且在制度化後成為群體規範。然而,當情境改變時,此系統會

發生改變，再經過一段調整時間，才會逐漸穩定下來。

　　總之，領導過程是目標導向的，目的是要達成群體目標，進而達成組織目標；可是因為領導者與部屬的需求與情境條件都可能發生改變，所以領導過程也會產生改變。可是，一旦能夠重複達成目標時，即可發展出約定俗成的固定行為，並形成穩定的上下互惠關係。同時，亦可建立法規制度與角色規範（以領導學程的案例來說，主要領導角色為校長、學程主任及老師）來規範此一功能（領導），以促使部屬或團隊（學生或登山團隊）執行既定的任務活動。

　　因此，當領導者影響部屬執行目標導向的行為時，領導的現象就發生了，領導者對部屬的影響基礎，乃基於權力而來，這種權力有可能是正式規定的職權，也有可能是來自於部屬私下信任的非正式權力。同時，領導者也會根據領導效果與情境變化的回饋，來調整其行為，以因應情境與部屬的改變。因為回饋，所以領導是一種動態過程，隨時得做因應環境變化的準備。在戰爭電影中，可以發現戰場指揮官的指令通常會因為回饋而發生改變，其中主要的回饋之一是來自於偵察兵的報告。當偵察兵回報所發現的重要情報時，指揮官會審視情境的變化而調整部隊行動，以因應新的環境狀況。

　　以這個架構來分析臺大領導學程的事件，可以瞭解登山活動原先是為了提升學生的領導知能，但當募款活動受到質疑時，領導情境就發生改變了。領導者需要採取一連串的決策，來因應環境變化。可是，因為對情境事件的掌握度不夠準確，無法即時且適切地回應社會的批評，於是，情境事件乃擴大為臺大校譽之問題。有趣的是，在整個事件中，共同

教育中心主任都未出面。因而，此領導職位在臺大的組織設計中，究竟扮演何種角色，實在是相當令人玩味的。

文化的型塑

在整個領導系統中，文化是一個重要的環境脈絡，可以影響整個領導系統的運作。所謂橘逾淮為枳，在美國運作良好的領導方式，在華人社會不見得能發揮類似的良好效果。也就是說，社會中的每一個成員都是文化的載體，在共同文化傳統的型塑下，對態度、價值、信念及感受會擁有共同的偏好，並形成集體的認知地圖。因此，在具有共同文化的社會中，成員之間的溝通較為容易；反之，文化差異巨大的社會，則較難以溝通，甚至發生誤解。像美國紐約九一一事件就是文化誤解與文化衝突的典型例子，基於對基督教文明與資本主義運作哲學的反抗，回教基本教義派的信徒劫持飛機衝撞世貿雙塔，而導致了重大的災難。難怪政治學大家杭亭頓預測第三次世界大戰的發生，可能是來自於不同文明與文

文化衝突導致九一一事件

化間的衝突。

而什麼是文化呢？文化通常是指一些特定的價值觀與基本假設，這些假設會透過持續性社會化與政治化的過程，使得不同社會的成員具有不同的認知與思維方式，且視為理所當然。例如：以什麼是理想的領導人特性來說，日本人與美國人的觀點是不同的，日本人強調的是可信的、有教養的、負責的、有紀律的、聰明的；但美國人

重教養、有紀律的日本人

堅持不懈、目標導向的美國人

則會強調堅持不懈的、勤奮的、口才好的、目標導向的，以及果斷的，顯示不同文化對領導素質的要求是不同的。也由於不同文化對領導者有不同的期望，因此，接受與偏好的領導特質與行為就大不相同，對領導者運用權力與賞罰的作法也不太一樣。也就是說，不同文化傳統下的人對領導會形成一種認知地圖或基模原型（prototype），並由此來評價領導者的行為表現，判斷其表現是否合宜。因而，文化系統是領導的重要影響與脈絡因素，這也是本書討論華人領導之道的重要立足點。

本書大意

　　立基於華人重視社會秩序、照顧家庭及自我修養的文化傳統下，本書將討論華人領導的可能樣貌與效果。這些結論大多經過數十年的實徵研究所獲得的，具有堅實的證據，而可提供一些思考與應用的線索。除了第一堂為領導綜述，鋪陳領導的意義與重要性之外，第二堂討論了文化與領導的關係，比較中西文化對領導的觀點，然後導出在華人致中和與集體主義的文化傳統之下，階序格局、差序格局，以及套序格局的文化價值如何影響領導？契合文化要求的領導行為為何？在此推論架構之下，第三堂鋪陳階序格局下的家長式領導及其內涵；而第四堂則討論差序格局下的差序式領導，描述華人領導者如何將部屬進行歸類，並展現相對應的領導行為。

　　另外，由於家長式領導的探討頗多，是當代國際的主流新興領導議題，而且華人家長式領導的三大內涵，包括威權、仁慈及德行領導，亦各自累積了不少研究成果，對領導文獻頗有貢獻，因此，可以獨立出來加以討論，成為以下章節的內容，包括第五堂威權領導、第六堂仁慈領導，以及第七堂德行領導。除了階序格局與差序格局的華人傳統價值觀之外，華人領導亦重視道法自然的無私無我價值，以及內聖外王的經世濟民意涵，而展現套序格局的取向，所以第八堂討論謙遜領導，說明領導人如何展現虛懷若谷的領導行為，來帶領部屬，結果如何？第九堂為神聖領導，強調華人文化價值所強調的修己愛人的神聖性，如何促使個人成為一位負

責且具利他特性的領導者，並推己及人，擴及更廣大的社群，進而改善組織，貢獻社會。最後，第十堂總結了本書的內容，並討論華人領導模式的跨國應用、本土領導研究路線的興起，以及華人領導的多元風貌。最後，則指出領導是一種專業，需要縝密思考，認真以對！

課堂總結

　　從臺大學程的設計與登山事件中，可以瞭解不少人對領導與領導人的培養存有一些誤解與盲點。由於領導是一項涉及領導者、部屬及所屬情境的互動歷程，頗為複雜，所以必須以證據為基礎，透過嚴謹與切中要旨的研究探索，方能良好掌握，並創發出有系統且可靠的知識。由於文化之類的情境脈絡是重要的因素之一，因此，必須認真以對，並納入領導及其效能的分析之中。至於領導的教學也是一樣，是極為專業的，不能隨意為之，傳授未經驗證、缺乏證據的知識，否則是很難培養出適才適所的領導者的。下一章將剖析什麼是文化？華人文化與西方文化有何不同？文化是如何與領導有關的？

進階讀物

　　領導文獻繁多，汗牛充棟，實在很難盡覽無遺，不過有些入門書籍作了很好的整理，可對領導學有一個初步而完整的瞭解，其中 Yukl, G. A.（2012）：*Leadership in organization*, Prentice-Hall 出版，頗為有用，可以進行鳥瞰式的俯察，而對領導系統有所體會；中文譯本的譯者是洪光遠：《組織領導》，臺北桂冠出版；或是一些專書，例如鄭伯壎（1990）：領導與情境、互動心理學研究途徑，臺北大洋出版社；Kelly, R.（1992）. *The power of leadership*. New York: Doubleday Currency。如果只是想做更為扼要的瞭解，則可以閱讀各類組織行為教科書中的領導專章。這些章節雖然言簡意賅，但應該可以大致掌握領導的精要大意。

　　領導要如何進行科學性的探討，攸關領導研究是否可以獲得堅實的證據，創造之領導知識是否可信。有關探討領導的科學方法，可以閱讀陳曉萍、徐淑英、樊景立及鄭伯壎（著）（2014）：《組織與管理研究的實徵方法》，臺北華泰文化。這是一本討論組織領導研究方法的書，應可以對學術界如何進行研究有很好的理解。至於為何要講求管理與領導證據，真相與傳言或個人偏見有何不同則可以參看 Pfeffer, J. & Sutton, R. J.（2006）. *Hard facts, dangerous half-truths and total nonsense*；中譯本為蔡宏明：《真相、傳言與胡扯》，梅霖出版。閱讀之後，應可對領導的吟唱傳統與學術傳統有更清晰的領悟。

第 **2** 堂
華人文化與領導

EADER

華人文化與領導

李安與斷背山

完美結合中西文化的李安導演

　　如果要票選當代最傑出的華人電影導演，那麼拔得頭籌的當非李安莫屬，因為他實在太傑出了，不但熟諳西方的戲劇精神與電影技巧，而且又重新結合了華人的傳統文化價值，將東方因素注入美國好萊塢的主流寫實主義當中，創造出嶄新的風格。的確，就像幽默大師林語堂一樣，他腳踏東西方兩種文化，悠游於藝術世界之中，並將之做完美的結合，匠心獨運，不著痕跡。因而，可以獲得全球各地觀眾的共鳴，達到娛樂與深思反省的雙重效果。基於他的創新，世界各地的電影藝術學會紛紛給予肯定，頒發各種獎項，且公認他是當代最優秀的電影導演之一。其中，《斷背山》為他贏得了第一座的奧斯卡導演獎，接著又是《少年Pi的奇幻漂流》的加冕，肯定其導演功力的不凡，以及臻於藝術卓越的巔峰。

　　以《斷背山》而言，這是描寫兩位男同志的感情故事。在許多社會中，同志往往是離經叛道的代名詞，拍成大銀幕的電影更是禁忌。對這種題材，許多導演都敬謝不敏，因為

吃力不討好，一不小心甚至會搏得千古罵名。可是李安卻是明知山有虎，偏向虎山行，不但擄獲觀眾的心，而且佳評如潮。這種際遇，的確是電影史上絕無僅有的。即使在《斷背山》上映十週年之後，此片仍然熠熠生光，令人無法忘懷。為此，記者訪問了李安，要他回憶拍片時的心路歷程。李安說：「讀完原著小說後，我就哭了，不知道是什麼竟然如此令人感動……斷背山中似乎存在著一種神祕的浪漫情感，一旦離開，你將會開始進行無止無盡的追尋，可是再也回不來了……在小說結尾之際，當其中一人過世，主角在回顧過往時說：『其實，我們不曾擁有真正的伴侶關係，我們只有斷背山。』這些話真的是感動了我，久久不能自己。」

電影上映後，造成轟動，其效果更遠遠超出製作團隊拍片時的意料之外。當初，李安覺得《斷背山》應該隸屬於一種針對小眾的藝術電影，不太可能引起普羅大眾的興趣；同時，一想到這種同志議題的電影竟然要在各大賣場懸掛廣告看板，就令他緊張不已。可是，結果卻是如此成功，不管是市場的反應、影評人的評價，或是各國電影藝術學會的討論，都掌聲如雷，好評紛沓而來。唯一美中不足的是，在佳評如潮之際，奧斯卡的競賽結果，卻又完全出意料——李安雖然得到了導演獎，但《斷背山》卻緣慳一面，未能獲得最佳影片獎，原因著實令人玩味……。

製片詹姆斯・夏慕斯（James Schamus）就不以為然地認為，也許是好萊塢主打保守牌，重視政治正確，避免挑動這種屬於政治敏感的同志議題，以免引發不安。也就是說，美國電影的夢工廠鍾情於務實與維護傳統的保守精神，不喜歡

激進的、驚世駭俗的想法，因而把最佳影片獎頒給了維護西方傳統、合乎審查人員胃口的《衝擊效應》（Crash）。原因果真如此嗎？針對此問題，臺灣藝術大學美學與戲劇教授辛意雲是如此詮釋的：

「沒有衝突、不是戲劇，這是西方自古以來的傳統。在古希臘時代，所謂的悲劇就是從一連串的衝突開始，人與天的衝突、個人與命運的衝突，各式各樣的衝突。一個充滿衝突的情境，特別適用於戲劇創作，因為，戲劇的美可以透過衝突達到最高的巔峰。尤其是當英雄豪傑般的人物遭遇到悲劇與衝突的挑戰時，更能呈現出崇高的情感，並把人昇華到自由的天地。因此，西方美學視悲劇為最高的演出，崇高、壯烈構成了西方美學的基本單元。所以，沒有衝突，就沒有戲劇。看看奧斯卡最佳影片《衝擊效應》（Crash），一分鐘就一個衝突、一分鐘就一個衝突。」

可是，李安的《斷背山》沒有這種衝突，看起來與傳統格格不入的事件，卻被他導演得一片祥和，一片深邃，一片空遠，衝突降到最低。的確，在整個影片中，他袪除了西方悲劇裡最重要的元素──衝突：他藉著「空」，來削弱衝突，影片中總是展現非常空闊的天，他把天拉長、也把人拉大。在展現天的無限與雲的變化之中，呈現出人間的無常，也表現出人與天的和諧關係。在廣闊的天地之間，李安也選擇了

第1堂
第2堂
第3堂
第4堂
第5堂
第6堂
第7堂
第8堂
第9堂
第10堂

羊，藉著羊來表現人的心靈活動，窸窸窣窣、窸窸窣窣……在羊群的溫馴柔軟行動中，帶出一種疏遠、淡漠及孤寂。雖然影片內容所鋪陳的同性戀是具有高度爭議的話題，但他卻把爭議降到最低，也把可能產生的對立衝突淡化，蛻變成一種人間對知心、知己的尋覓，以及人類對愛的渴望。當知己離開人世，主角想幫他料理後事時的場景更是餘韻深長：「主角打開衣櫃，忽然看到被對方偷偷拿走的襯衫；再闔上櫥櫃，凝神望著遙遠的斷背山。」一切似乎都在告訴觀眾：情感的無限是取決於人的心靈的。於是，心靈融化了所有人間的衝突，展現出一份柔情、一份深意、一份雋永。李安呈現的是東方美學、東方戲劇，在柔情似水中，同樣擁有無限的力量。

在廣闊的天地間，一切顯得平和、寧靜

　　從以上的故事與分析，可以看到不同的文化系統是有全然不同的審美意識的，也展現出完全不同的美學元素。當創作者掌握到某一個文化系統下的美學元素，再搭配另外一個系統的元素時，再兩相揉合，就可以開創出另外一條嶄新的道路，並產生新的視野，開展新的藝術形式。於是，創意可以汩汩而來，而且令人驚豔。

　　李安與《斷背山》提供了一個絕佳的跨文化融合案例，並折射出：作為一種文化的載體，人往往會受到其所處情境的影響，而反映了其所內化的文化價值，且形之於外。因而，對接受西方文化教化的西方影評人而言，會在不知不覺中，下意識地或習慣性地以衝突手法來詮釋衝突，而不喜歡和諧的立場。可是，李安卻甘冒大不諱，影片的走向不但不迎合西方主流的美學價值，而且匠心獨運，因而無法獲得最佳影片，是可以理解的。可是，能把像同志愛這種衝突、不受主流青睞的題材拍得一片和諧，正顯示了導演的非凡功力，所以得到最佳導演獎，也是實至名歸。為何李安強調和諧，而非衝突？也許這正是他的獨到之處：作為一位在臺灣成長、深受儒家、道家等傳統價值陶冶的華人，自然深諳和諧文化觀的精髓，並極有技巧地將之融入在西方的主流電影文化當中，開展出全新的視野。

　　這種視野展現在他的各種作品之中，《囍宴》、《飲食男女》、《臥虎藏龍》是東方素材的西方包裝；而《理性與感性》、《斷背山》則是西方素材的東方包裝，因此，美國影評人認為李安的作品是既充分接受西方電影技巧，又重新結合傳統華人文化，而能以「奇風異俗」吸引觀眾。對東方人來說，李安的電影一點也不難瞭解，但對西方觀眾卻是驚世駭俗，挑戰衝突傳統的。所以突兀、奇風異俗，以及和諧文化觀，正是李安用來吸引觀眾的重要質素。

　　所謂「一種心靈，多種樣態」（one mind, multiple mentalities），不同文化下的人雖然擁有同樣的心靈，但卻可以展現種種不同的心態與價值觀，更據此創造出種種不同的

人工器物。在步入千禧年之後，這種尊重不同文化樣態的思潮逐漸流行。因而，克林‧伊斯威特在將《美軍插旗硫磺島》的暢銷書搬上銀幕時，就拍了兩部電影：一是《硫磺島上的英雄們》，一是《來自硫磺島的信》，分別從美國與日本的觀點來論述第二次世界大戰硫磺島戰役的始末。就像影評人所說的：「戰爭不易判斷誰對

刻劃硫磺島戰役的銅像

誰錯、誰是誰非，如果只有一部《硫磺島上的英雄們》，則只是呈現了歷史場景的一半。」

　　《硫磺島上的英雄們》描述 1945 年美軍在攻打硫磺島時，遭到日軍的頑強抵抗，以至於損失慘重。原先預估五天拿下硫磺島，可是事與願違，在經過 40 天的苦戰，折損大量兵力後，才將美國國旗豎立在島上。美聯社記者拍照存證，傳回美國國內，而鼓舞了大後方的士氣，使得原本厭倦戰局的美國社會重新點燃勝利的希望之火。然而，不幸的是，六位插旗的戰士已經陣亡一半，只剩下三人存活。於是，這三位美軍成為戰爭英雄，被送回美國國內推銷戰爭債券，受到大眾的熱烈歡迎，爭相與他們合影。但三人心知肚明：「馬革裹屍」，真正的英雄其實早已戰死沙場，他們只是無顏地苟活著……。

然而，《來自硫磺島的信》則從更高、更遠的角度，刻劃日本官兵在面對死亡時所經歷的過程，以及選擇如何結束生命的姿態。因為是強弩之末，扭轉戰局已經不可能，最後必然彈盡援絕，邁向死亡。所以，死亡乃是唯一選擇，只不過是時間長短或如何死亡而已。有一位影評人說，或許最令人懼怕的，不是死亡本身，而是等待，那種說長不短的等待。可是，在絕望的等待中，仍然可以勾起一些溫馨的回憶，包括想起故鄉的風光之美，以及家的溫暖。至於對曾經生活在美國，具有美國經驗，以及雙腳橫跨在東西文化的少數日軍來說，則需要面對兩種文化之間的衝突與兩難困境，再思考如何奮力突破，從中獲得生命智慧，尋回一點人性的尊嚴與心靈的光輝。

總之，以上的電影故事所要強調的是，西方文化只是全球文化之各種版本的一種而已，在全球化浪潮高漲之際，代表東方文明之一的華人文化仍然獨樹一格，其所展現的融合文化觀與西方之衝突文化觀是截然不同的，甚至對比強烈。因而，從融合文化觀的角度出發，也許可以開啟另外一扇通往領導研究的大門，並獲得嶄新的創見與啟示。

中西文化的差異

從《斷背山》的案例與分析中可以瞭解，中西文化是有差異的，華人較偏向融合文化觀，而西方則較為偏向衝突文化觀。在討論這兩種文化觀的差異之前，先來談談什麼是文化呢？文化這字眼雖然眾說紛紜，每個人都像瞎子摸象一

樣，各有其獨特的見解，但是人類學者卻有一定的界定：「文化是一種成套的理念與行為系統，其中的核心是基本假設與價值觀。」也就是說，文化的形成雖然是源自於一個民族或群體的共同生活方式，但必須經過系統性的整理與長期的淬鍊，才能形成一套約定成俗的基本預設與價值觀，並成為重要的行為規範與準則，進而型塑與指引這個民族或群體的行動與行為，並建造出種種的人工器物。因此，任何一個文化都是一個整合良好的體系，提供一張意義之網來彰顯本土文化的特色建構，並提供詮釋意義。

　　就結構而言，文化是一個含括基本假設、價值觀、心理行為，以及人工器物的系統，這個系統也許可以用水蓮來加以類比（如圖2-1所示），而含括了水蓮的根、莖、葉、花等的部分，並對應到基本假設、價值觀、心理行為及人

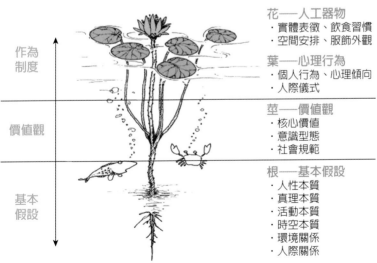

圖2-1　文化系統的水蓮類比

工器物的文化概念。根深植於淤泥當中，莖則隱入水中，葉飄浮於水面，只有花是昂立在水面之上。由此可以瞭解，文化有可見的部分，也有不可見的部分；有可以言說的意識部分，也有說不出來的潛意識部分。其中，花是文化最外顯的部分，最容易清楚辨識，它指涉的是文化所形之於外的人工器物與人工製品，並反映在建築、廟宇、服飾、飲食、空間、時間等方面的具體形象與風格；葉是心理行為的部分，包括個人或群體的言行、心理傾向、奇聞軼事、典禮儀式，以及人際互動的形式等等，這也是看得見或是隱約看得見的部分；莖是指文化系統中的核心價值、信念、意識型態，以及社會規範；它沒在水中，所以是無法直接觀察到的，而得透過物理環境、人工器物，以及行為等具象事物的檢視，來加以推論與詮釋，並獲得瞭解。最後，根是指文化系統中的基本假設，是成員所認為的理所當然的部分，這是更深層、見不著、摸不透的潛意識部分，包括對人性、真理、活動、時間、空間、環境關係及人際關係等等之本質的預設或哲學理念，是構成文化體系的基礎。因而，由基本假設到制度行為之間是環環相扣、互有影響的。就變動或改變的難易度而言，通常愈表層的文化較容易改變，但愈深層的就愈難以撼動。因而，中國改革開放時，流傳著一句順口溜：「革命了50年，一覺醒來回到革命前。」對文化改變與革命而言，這是很傳神與貼切的說法。

以中西文化的比較而言，中西方各有其基本假設，也各自反映了對人性、真理、活動等的本質，以及人際、環境關係等的人間秩序與道德價值的立場。扼要來說，基於生態

環境與歷史流變的殊異，西方文化的特色是以權力意志為動力、以支配駕馭為目標，主調是以維護衝突、製造衝突，以及發現衝突為文化發展的軸心；然而，華人文化則不然，它是以德行意志為原則、以融合溝通為目標，並以維護和諧、創造和諧，以及發現和諧為文化發展的道路。所謂權力意志是指影響、控制及支配自然與他者，並左右其自由。在此種意志的展現之下，自我評價往往是對內拉高自己，對外貶低別人，而產生文化優越感與文化排他性的傾向，因而，發生衝突也就在所難免了。至於德行意志則是指抑制自我，以仁愛嘉惠他人或展現仁人愛物的生活態度，偏好追求內外和諧與你我他的彼此共存共榮，並展現自強不息與厚德載物的精神。因而，所展現的是文化融合與文化和諧的特色。

　　既然如此，文化觀究竟是如何形成的？此問題的回答，當然需要追溯中西各自的歷史淵源。首先，西方文化具有強烈的上帝觀與上帝意識，但華人沒有，只有自然觀。所謂上帝觀

西方自古以來具有強烈的上帝觀

是指，自古希臘以來，西方哲人就時時刻刻在窮究人間秩序是如何而來的問題，探討是否具有超越的本源，而導出了一個全真全能的上帝來。因此，自公元三世紀的希伯來時代以來，西方就信奉著一位造物主，祂創造事物，又超出萬物之外；祂是萬有的創造者，也是人間秩序與所有價值的源頭。

同時，這個超越世界的上帝不但凌駕於人類之上，而且反映出人間的種種缺失與罪惡，人必須努力向上，才能成為上帝的選民，進入神的殿堂。也因此，西方自然法的傳統於焉產生，並展現在各種社會、道德法則，以及自然規律的建立上。

哲學家尼采

到了十九世紀末，雖然尼采大膽宣布上帝已死，但上帝信仰已經支配西方十六個世紀之久。即使如此，對當代西方人而言，上帝真的死亡了嗎？答案顯然也是否定的。因為上帝之死的立論，所衝擊的是中古教會權威的衰落，以及對自然世界探索權的釋出，但是作為價值來源的基督教精神仍然遍布在各個文化領域之中。也就是說，上帝觀仍然存在，否則西方的種種價值將無所依歸。也因為上帝的世界是自外於人的，是外在於人的一種超越，是宇宙間一切基本法則的唯一創立者，是唯一的真神，因而具有排他性。這種排他性表現在許多方面，以西方的宗教而言，例如基督教，所信仰的是一位真神，本身是一種獨一無二的正教。因而在歷史上，往往釀成長期的、甚至是百年的宗教戰爭。

彩繪玻璃所顯示的宗教戰爭

　　相對而言，華人文化不具有超越或凌駕人的上帝意識，並深信人是由自然中創生而來的，不但是隸屬於自然，而且其生命變化，也符合自然變化的原則。當人能夠理解自然的本源時，就能夠理解動態平衡、和諧轉化，並掌握人生價值的意義。因而，這種自然觀激發了人們對生命和諧、生活和諧，以及人天和諧的追求。也正是這種自然意識，上帝或神被轉化為籠統模糊的天，天又被轉化為道，而道最終會盡歸於自然。在這種自然意識下，人可以追隨自然，遨遊自在；也可以創造人文世界，盡情發揮人的良知良能。因而，對照西方人神截然二分的世界，華人的超越世界與現實世界是無法畫清界限的，彼此不但不是涇渭分明，而且是互有套繫，離中有合，合中有離，或是不即不離的。也正

華人能在多元差異中找到動態平衡

是這種濃厚的自然意識，所以華人可以同時接受種種不同的宗教與法門，並把各式各樣的宗教視為是實現人生現實目標的手段或方式之一；也由於這種窮究天人之際的模糊自然觀，所以華人能在多元差異中找到動態平衡，也能在實踐中使得差異與矛盾獲得統一。

　　其次，是二元對立與一元整體的不同。在上帝意識流行的西方，人是上帝創造出來的，一部分是用外物的塵土，一部分用他自己，所以產生了人與上帝存在的對立、人與外在

世界存有的對立，以及人自身的身與心的對立，而有主體與客體、理性與感性等等的種種對立。因為對立，所以需要採取排除否定的方式來否定與削弱對方，以肯定自己的存在與價值。因而，這是一種二元對立思維的排除邏輯，而彰顯了對立者之間的衝突本質，以及其中的強烈緊張關係。

可是，華人的自然觀所突顯的是一元整體的風貌，展現的是變通合和，把所有的分歧都看成是一個整體，然後在整體中尋找各種分歧的所有關聯，並給予深度的透視洞察，瞭解其中所具有的相因相成、相反相剋等等的動態關係，並在時間過程中，掌握其歷史源流與滋生本源。所以，所有的對立分歧都是同時存在、互依互存，以及互換互變的。也就是說，相反對立是可以在一個太和的基礎上合而為一，並逐漸消除矛盾，且進一步形成和諧的整體。因而，並不需要進行排除否定，而遵循一種並存的邏輯，並體現自然意識的共存融合。例如：以大小而言，大是小的增加，小是大的減少；以有無而言，有是無的提升，無是有的降低。一切都是有機的互相交流，在流動中，顯現出整體的均衡與和諧的共存。人的自我也是一樣，整體的自我一方面通向宇宙，與天地萬物為一體；一方面則通向人間，成就人倫秩序。因而，深諳這種邏輯的李安在拍攝《斷背山》時，用了很多遠景近景，他將鏡頭拉長拉短，由人到大自然，由大自然又返回人，使得外在物理空間與內在心理空間相互交融在一起，因而西方所著重的、內外之間的那條清晰的線不見了，內外對立形成一片渾然合抱在一起的整體。

總之，從文化的基本預設來看，中西文化是具有對比

差異的，西方文化重視上帝觀，這位上帝完全獨立於人之外，更凌駕於人之上，即使在西方工具理性抬頭之後，人對自然的科學探索增加了，但這種增加也常歸因於是來自上帝的召喚或是天啟；同時，在對自然秩序愈加瞭解之後，亦往往歸因於是造物主的高明，並讚嘆其製造技巧之奧妙，遠超乎人類的想像。可是華人文化中並沒有一位全真全能的神，而只有籠統模糊的天。同時，透過「氣」的聚散生化的無窮過程，把天地萬物含括在內。在其中，人是萬物之靈，所以能贊天地之化育，也能天人合一。因而，西方的人與自然的關係是人定勝天，是征服；而華人則是利用共存，是盡物之性、順物之情，是與自然協調合和的。對人性的觀點也差異很大，西方是採托勒密（Ptolemian）式的人性觀，把個體看做是宇宙的中心，跟世界上的其他人是互相對立的；但

伽利略

華人則是採伽利略（Galiean）式的人性觀，不把人視為固定的實體，而是關係網中的一個結點，必須與其他人保持動態平衡的關係。

　　在上帝觀的影響之下，西方重視二元對立，自然現象乃獨立於人之外，而可以進行種種的研究，掌握現象的規律，並解釋規律發生的原因，而導致科學之滋生。因而，不但發明出種種的工具與方法，亦建立出精密的理論。在近百年來

工業化帶來了發展，也帶來了問題

的知識創新上，西方的確是貢獻卓著。至於華人世界則更重視一元整體，人與自然世界是不即不離的，人與天是合德的，所以重視個人的自我修養，強調內向的超越，而非外在的超越，因而，在人文與精神領域的表現相當傑出，尤其在智慧的增長上。雖然西方在二元分立的預設下，征服了自然，也帶來了工業化、經濟化，以及現代化的長足發展，並解決了人類一些生存與物質需求的問題，但亦破壞了生態、汙染環境，也導致人類的物質化與經濟化，精神失落與心靈空虛成了常態，而形成了西方文化的危機。在此危機之下，也許華人的融合文化觀及其所蘊含的自然意識可以提供一條出路，透過包容與改良上帝意識，著重共生共存，來提升人的精神境界，並完成人生的意義，以解決西方衝突文化所帶來的對立與自毀傾向。

華人致中和世界觀

如果要更詳細闡釋華人的文化時，除了掌握其融合的關鍵特色之外，還需要瞭解哪些面向呢？這些面向的源頭又是如何？本質而言，華人文化觀是立基於宇宙論上，從解釋宇宙的起源與現象開展出來的。首先，它假設宇宙本身具有無

宇宙是生生不已，永無止息的

比的創造力，萬事萬物都由此而滋生。所以《易傳》（十翼）中強調：「大哉乾元，萬物資始，乃統天；雲行雨施，品物流形。……至哉坤元，萬物資生，乃順承天；坤厚載物，德合無疆。」透過乾元的資始萬物，以及坤元的資生萬物，乃創造出宇宙的萬事萬物。

同時，宇宙也是生生不已，永無止息的，並具有循環往復的關係。《易經》恆卦說：「天地之道，恆久而不已也。利有攸往，終則有始也。日月得天而能久照，四時變化而能久成，聖人久於其道，而天下化成。」意思就是說，天地是恆久、永不停歇的，變化相伴著始終，每一個舊的階段告終，又有新的階段開始，循環反覆，永無止盡。而日月、四季、天地都是因為不斷地交替變通，才能長久育成萬物，聖人之道也是一樣。

　　既然宇宙萬物都是由天道的生生變化中獲得性命，而人是萬物之靈，所以其性與命也應該要符合天道，並以誠為先：「誠者，天之道也；誠之者，人之道也。」誠是什麼呢？「誠者，不勉而中，不思而得，從容中道。」誠之者，則需要擇善而固執。也就是說，大自然的誠就是真誠的專心一志，不需要勉強、不需要思慮，即可符合道的原則；而人則必須效法天道的真誠，努力實踐，方可立人道於天道，所以才說：「唯天下之至誠，為能盡其性；能盡其性，則能盡人之性；能盡人之性，則能盡物之性；能盡物之性，則可贊天地之化育；可以贊天地之化育，則可以與天地參矣！」人只要把無我的內在德性揭露出來，就可以窮盡本性，達本返源，幫助天地培育生命，並與天地齊列為三才，永垂不朽。於是，人的有限人生將通往無限。

　　這種宇宙觀，人類學者將之稱為致中和的世界觀模型。致中和一詞來自《中庸》，是指「喜怒哀樂之未發，謂之中；發而皆中節，謂之和。……致中和，天地位焉，萬物育焉。」當達到中和、均衡及和諧時，天地就會各安其位，萬物得以滋生。因而，傳統華人文化的理想境界，就是以追求此一均衡和諧的境界為最高目標。為達成此一目標，必須維持三個系統的均衡與和諧，包括自然系統、個體系統，以及社會系統（如圖 2-2 所示）。也就是說，華人傳統是以追求人與自然、人與社會，以及人與自我的和諧與均衡，並以二元五行說作為運作基礎。

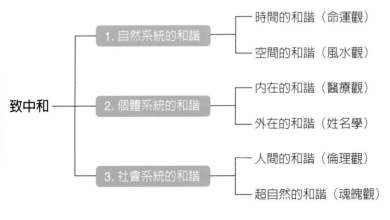

圖2-2　致中和世界觀模型（來源：修改自Li, 1992）

　　二元是指陰與陽，宇宙任何一個系統的組成元素，都是由陰陽兩種相對、相反的力量所構成，並透過氣的作用，使兩者保持平衡。五行是指金、木、水、火、土，是系統的五種組成元素，彼此是緊密相連的，並有其內在的秩序與規律，包括相生、相剋、相乘及反剋等等的平衡原則，且循環往復。以相生的原則來說：「木性易燃，化生為火；火燒為灰，化生為土；土中有礦，提煉為金；金熱後冷卻，有小水點凝結，化為水；水又滋長樹木，化生為木。」因而，五行是在不斷相互轉化中循環而生的。此外，所謂「造化之機，不可無生，亦不可無制」，所以也有剋的循環，使得「生中有制，制中有生」，這樣才能使萬事萬物運行不息，相反相成。

　　除此之外，任何一個系統的組成元素也都與五行象徵互有對應關係，例如：方位系統的「五方」（東、南、中、西、北）、身體系統的「五臟」（肝、心、脾、肺、腎）、「五體」

（筋、脈、肉、皮、骨）、「五竅」（目、舌、口、鼻、耳）、
「五志」（怒、喜、思、憂、恐）、顏色系統的「五色」（白、
綠、黑、紅、黃）、音律系統的「五音」（宮、商、角、徵、
羽），以及倫理系統的「五常」（禮、仁、信、義、智）等
等。因此，個人的感覺、知覺、情緒狀態、身體系統及倫理
系統也都緊密扣連在一起。

在二元五行的動力下，致中和的世界觀模型追求自然
系統（時間與空間）、個體系統（內在與外在），以及社會系
統（人際與超自然）的和諧，並形成了命運、風水、健康、
命名、倫理及魂魄等等的觀點，而左右了華人的日常生活方
式。在自然系統的和諧方面，反映了華人文化「天人合一」
的理想境界，講究時間、空間與宇宙的配合，所以才有所謂
的生辰八字，吉凶禍福；也才有風水堪輿的信仰，講求人所
處的空間要能合適、和諧地嵌入更大的空間之中。在個體系
統的和諧方面，主要在鋪陳個別有機體的系統和諧，包括內
在實質的和諧與外在形式的和諧。前者是以陰陽二元的對立
與統一來闡述人體內部的平衡，並發展出中醫與食補的醫療
思維；後者則是展現在命名上，從五行與筆畫多寡來使個體
與姓名維持外在形式的和諧。至於社會系統的和諧，則指重
視人際關係的和諧，包括同時性的生活群體內的和諧，表現
在家庭成員的角色安排與互動秩序的維持上；以及歷時性的
社會秩序的和諧，慎終追遠，講求祖先崇拜，並將現世與過
世的家族或宗族成員視為一體，追求超自然的均衡與和諧。

華人融合文化觀下的領導

在致中和的世界觀模型的影響下，華人特別強調自然系統、個我系統，以及社會系統的和諧。其中，與領導或人際影響力最有關係的乃是社會系統的和諧，這也是儒家倫理的核心，或稱之為社會取向，或稱之為關係取向與關係主義，並對種種角色關係做出不同的倫理要求。以最基本的五倫來說，包括了父子、君臣、夫婦、兄弟及朋友等五種人際關係，並對各種人際關係的倫理要求進行規範，所以才有「父子有親，君臣有義，夫婦有別，長幼有序，朋友有信」的說法，而展現出親親與尊尊的特色。例如：從子女的角度來看，父親是屬於親疏中的至親；而在尊卑向度上，則屬於尊長，因而認為父子要有親；至於君臣則落於親疏中較為疏遠的一端，而尊卑向度上則是至尊，所以強調君臣有義，並以此類推。

以上的原則，也大致反映了儒家所謂的仁、義、禮的精神：「仁者，人也，親親為大；義者，宜也，尊賢為大。親親之殺，尊賢之等，禮之所由生也」，來闡明個人在與他人交往時，首先，需要從親疏與尊卑兩個認知向度來衡量彼此之間的角色關係，接著再據此展現合宜的互動行為。親疏指的是雙方情感或親緣關係的遠近；尊卑則指雙方的地位高下或輩分高低。經過衡量判斷後，再「親其所當親」、「尊其所當尊」，以符合仁與義的要求。最後，則依循「親親之殺與尊賢之等」的作法，來符合「禮」的規範。因此，這些華人傳統文化價值所反映的是人際間的差序格局與階序格局。

除此之外，華人文化亦認為整個社會的秩序與和諧，是建立在個人的道德修養上，個人必須「居天下之廣居，立天下之正位，行天下之大道」，而由小我的修養出發，推己及人，進而兼善天下。因而，有所謂的「誠意、正心、修身、齊家、治國、平天下」的說法，小我與大我之間，展現的是一種層層擴張的套序格局，並遵行合合法則，促使個人要「篤信善學，守死善道」、「得志，澤加於民；不得志，修身見於世；窮則獨善其身，達則兼善天下」。因此，華人文化傳統對人際關係的要求，除了差序格局與階序格局之外，也展現出一種環環相圈的套序格局。因而，整體而言，在人際影響方面，華人文化傳統強調差序、階序及套序等三種秩序狀態，並遵循親親、尊尊，以及合合的法則，以期親其所當親，尊其所當尊，以及合其所當合（如圖2-3所示）。

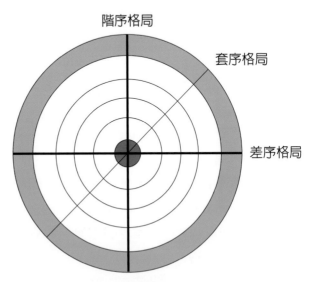

圖2-3　華人社會的階序、差序及套序格局

在差序格局與親親法則方面，華人文化傳統主張必須根據關係遠近，給予他人不同的情感對待，而非普遍性地對所有人都給予一視同仁的處理，所以對家人與外人的作法是不同的，甚至存有一條心理界線，不會輕易跨越。所以孔子才說：「己欲達而達人，能近取譬，可謂仁之方也已。」強調仁德的實踐應該要「能近取譬」，

差序格局就像石頭丟入水中所盪出之漣漪

從事親做起，再由親及疏，一步步往外推。也就是說，在盡到對至親的義務或孝道之後，再由近及遠，向外類推。因而，再三闡明：「弟子入則孝，出則悌；謹而信，汎愛眾，而親仁。」並說：「君子務本，本立而道生」，所以親愛他人是有順序的，先講求孝順父母、友愛兄弟，再論及他人。這樣的特色，就像拿一塊石頭丟入水中，所激盪出來的漣漪一樣，對待他人像一圈圈推出去的波紋一般，由近而遠，由親而疏，循序而進，並給予差別的對待，故稱之為差序格局。當這種觀念應用在領導領域時，就會觀察到差序式領導的現象。領導者會因為與部屬的不同關係或其他種種關係特性，而展現出不同的領導行為與部屬對待。

重視父子軸的尊尊法則

在階序格局與尊尊法則方面，五倫中，除了朋友是一種對等關係之外，其他四倫的父子、君臣、夫婦及兄弟都蘊含著上下尊卑的階序關係，不但社會地位有高下之分，而且掌握權力亦有大小之分。所以《禮記》在界定什麼是人的義理時，是這樣敘說的：「父慈，子孝；兄良，弟悌；夫義，婦聽；長惠，幼順；君仁，臣忠。」亦即，上位者或輩份高的人，應該依照慈、良、義、惠、仁的原則來對待下位者；而下位者或輩份低者，則得遵守孝、悌、聽、順、忠的原則來接受指示，聽命行事。這種原則說明了上位者是支配者，而下位者則是服從者，一方面彰顯出上下所擁有的權威是不同的，一方面也構成了華人家父長支配的治理傳統，主張家長擁有無上的權威。這種家長權威乃是華人組織重要的領導基礎之一，並滋長出所謂的家長式領導。

在套序格局與合合法則方面，不管是親親或尊尊法則，其所展現的是庶人倫理的部分，但華人文化傳統亦強調士之倫理，要求個人需要修身以道，並擴而大之，濟世以道。這是依照德治的想法，要求統領階級要進行自我的道德修養，並加以擴大，而由修身以道，進而濟世以道，展現出內聖外王的精神，由一人興仁，而後一國興仁，進而臻於天下興仁的理想境界。所以才說，「仁者如水，有一杯水，有一溪水，有一江水，聖人便是大海水」，而從個人施仁之群體的大小，來評價個人的道德成就，以及人文事功。這種個人自我修養與推己及人的想法，引入領導領域，就成了謙遜領導與神聖領導的重要內涵。

課堂總結

「一種心靈，多種樣態」的時代思潮指出：人類的文化是具有多種版本的，西方文化是其中之一，而華人文化亦然。同時，這兩種文化的差異會展現在衝突與融合的對比上，華人傳統更重視致中和的世界觀，以追求萬物的均衡和諧爲最高目標，而非像西方般重視衝突與維護衝突。其中，與領導最有關係的乃是社會系統的和諧，或稱之爲社會取向或關係主義，並衍生出尊尊、親親及合合的法則，而產生種種不同的領導作風，包括家長式領導、差序式領導、威權領導、仁慈領導、德行領導、謙遜領導，以及神聖領導等。

進階讀物

　　有關華人文化傳統與西方之比較，討論的文獻相當繁多，以下是一些主要著作，包括 Hsu, F. L. K.（1981）: *Americans and Chinese: Passage to difference*. Honolulu: University of Hawaii Press；中譯本由徐隆德翻譯：《中國人與美國人》，臺北南天書局；余英時（2007）:《知識人與中國文化的價值》，臺北時報文化出版公司；成中英（1994）:〈文化衝突、文化融合與中國文化的世界化〉。《中國社會科學季刊》（香港），9 期，170-179。

　　對華人文化的進一步闡述，可以參看李亦園（1988）:〈和諧與均衡：民間信仰中的宇宙詮釋〉，林治平（主編）《現代人心靈的真空及其補償》，臺北宇宙光出版；或 Li, Y. Y.（1992）. In search of equilibrium and harmony: On the basic value orientation of traditional Chinese peasants. In C. Nakane & C. Chiao（Eds.）, *Home bound: Studies In East Asian society*（pp.126-148）. Tokyo: The Center for East Asian Cultural Studies；黃光國（2005）:《儒家關係主義：文化反思與典範重建》，臺北國立臺灣大學出版中心出版。至於華人文化如何影響人的心理與行為，則可以參閱楊國樞、黃光國（主編）（1991）:《中國人的心理與行為》，臺北桂冠圖書公司。

第 **3** 堂

家長式領導

EADER

家長式領導

李光耀與新加坡

新加坡建國總理李光耀

　　新加坡建國總理李光耀於2015年3月23日凌晨病逝，撒手西歸，結束了他多彩多姿的人生。對他的逝去，許多人都表示哀悼，並推崇他是一位歷史巨人，留下了不朽的政治功業。他的逝去，代表一位強勢家長對他所打造之家庭的告別，在他的勵精圖治之下，新加坡這個蕞爾不群的小小海口成為舉世矚目的地方，不管在經濟表現、社會安全、居住環境，或是政府效能，都名列世界前茅，成為全球最傑出的地方。

　　這個人口有限的小地方，毫無任何資源，更位於許多虎視眈眈的大國之間，卻能建造出人均所得逾5萬美元的先進富國。與獨立初期的區區400美元的窮苦相比，其進步幅度之大，在短期內所獲致之繁榮景象實乃奇蹟；而且竟能常常代表亞洲向歐美發聲，表達東方主體性與價值特色，實在是不可思議。因而，許許多多想要往前邁進的亞洲各國，不管是新崛起的大國，例如中國與印度，或是東南亞中南半島諸小國，都紛紛以其為仿效對象，希望見賢思齊。在論及政府

新加坡的視覺行銷：濱海灣建築天際線

的清廉與績效時，更是世界各國的榜樣，包括先進的開發國家，以及臺灣這種新興工業國。

　　的確，以上都是事實。如果我們是一位到新加坡旅行的遊客，應該更能身歷其境，體會其傑出成就。一下樟宜機場，就會被機場設施的現代化、出關動線之順暢，以及綠建築留下深刻印象──作為全球表現數一數二的先進機場，的確也是實至名歸。出了機場進入市區途中，道路兩旁的樹木蒼翠，繁花盛開，像是逛進了一個歐洲貴族的莊園，到處綠意盎然，枝葉繁茂，花團錦簇。城裡雖然高樓林立，可是周遭環境卻極為乾淨，很難找到隨意丟棄的垃圾、紙屑。更令人驚訝的是，竟然看不到一位流浪漢，也沒有伸手討錢的乞丐，更沒有亂鳴喇叭的司機，一切都是那麼地整潔與寧靜。

　　當然，這種寧靜也包括了媒體的噤聲，輿論很少對政府指東道西，指責或給予批評；大多數人都是以政府的想法馬首是瞻，很難見到群眾的鼓譟，以及鑼鼓喧天式的示威

遊行。除了散步的市民與遊客之外，公園內少有其他閒雜人等，更不用說像倫敦海德公園內那種語調激昂的慷慨陳詞。

這個地方之所以能夠如此地安靜有序，李光耀所領導的政府菁英扮演著一定的重要角色，他們統領着這個國家，儒家的「民可使由之，不可使知之」的政治傳統似乎已經在此落實。權力是掌握在治理的官僚菁英手裡，而不像一些國家所鼓吹的一人一票等值的民主思維。的確，一人一票的作法，稍有不慎，很容易導致譁眾取寵的民粹，不是這裡的趣味，更不會受到歡迎。雖然如此，這個政府的確也徹底發揮了應有的治理功能，效率與效能都位居世界前茅，不但少有貪汙，而且各項表現都是全球的佼佼者。

新加坡能有今天的成就，不得不感念這個國家建國者與大家長的李光耀這個人。不少評論者都說：李光耀就是新加坡，新加坡就是李光耀。如果將新加坡類比為一部電影，則李光耀就像李安一樣，是一位極為傑出的電影導演，新加坡就是他所編導出來的世紀大戲。他端坐在導演椅上，用爽朗、堅決，以及近乎專制的聲音發號司令，指導演員應該如何演出，並說出類似美國西部片中克林・伊斯威特決鬥時的經典名句：「拔槍吧！你們這些優柔寡斷的自由主義者！」也許這位導演的動機是向全球觀眾展示，一位深受華人儒家傳統薰陶的領袖，透過大家庭的團結精神，亦可以凝聚其子民，把國家治理得跟先進國家一樣優秀，甚至有過之而無不及。他的治理也為華人傳統的菁英治理提供了一個具體示現的典範，創造出一種紀律型的國家模式，以清廉有效的政府維持社會秩序，並帶領國家快速往前行進。

也就是說，在他的號召與組織之下，一群開國元勳填補了日本人走後的權力真空，擊退共產黨，並與馬來西亞分道揚鑣，且以認真、盡責，再加上威權的方式來治理此地，而締造出一個繁榮富足的國家。就像新加坡《聯合早報》在悼

新加坡是由馬來西亞聯邦獨立出來的

念李光耀去逝時所指出的：「今年是新加坡獨立50週年，國人在享有安全、富足及尊嚴的情況下，昂首邁入建國的另一階段，這與國人在獨立初期的忐忑不安，形成強烈的對比。」如果沒有李光耀的智慧、眼光、領導，以及經營國家的策略，就沒有邁向第一世界、與強權國家平起平坐的新加坡。

也因為追求社會的康樂富強為重，大我先於小我，所以作為大家庭一分子的人民必須服從國家菁英的領導，即使犧牲個人在言論與行為上的自由，亦在所不惜。理由很簡單，因為天下無不是的父母，父母官都是為子民著想的，何況這些領導人都是雄才大略的菁英人才，有知有能，而且能夠大公無私。也因此，人民肆無忌憚地批評國家領導人，甚至其所領導的政府，都是大不敬的，而且得為此付出代價。至於

違反大家庭規範的成員，則會受到嚴厲整治，例如：以死刑嚴懲毒販，以鞭刑伺候破壞惡搞的人，甚至對亂丟菸蒂、吃口香糖者都有一套處理方式，包括公布姓名或是播出違反者的勞動服務影片，公開示眾。當然，這種方式亦常會受到西方媒體的抨擊，認為手段太高壓、太不尊重人權了。然而，新加坡仍然我行我素，標榜著亞洲價值，不受影響。

於是，我們終於恍然大悟，原來這是一位大家長治理的國家，反映了華夏傳統之「父親最大」的價值，李光耀就是大家長。當然，他本身也是華人儒家傳統的服膺者，把大家庭的上下有別、長幼有序、父慈子孝、兄友弟恭的倫理發揮地淋漓盡致。他認為大家長必須強勢堅定，才能做出謀求大家庭最大福祉的困難決定：當領導人過於懦弱時，將無法面對艱難的挑戰；而完全不做決定時，則將使群體陷入絕境。因此，領導人必須採取強硬手段使臣屬的子民齊心協力，奮力達成目標，即使手段稍微過分一點，也是可以接受的。何況，大家長本身也是夙夜匪懈、身先士卒，以及以身作則的，事事都能事先做到要求人民做到的事情。因此，他本身就是敬業的典範，能夠贏得部屬的尊敬與畏懼也是必然的。因此，李光耀一再強調：「儒家相信社會為先，如果個人必須被犧牲，那實在沒辦法。可是，美國人把個人利益放在社會之上，那就無法解決一些問題。」

事實上，傳統華人價值也希望每個人都能成為君子，努力修養自己，做一個對社會有用的人，因此，每個人在各自的角色上都有應該要恪盡的義務與遵守的本分，包括孝順父母、教育孩子、善待配偶、友愛兄弟、真心與朋友交往，

也必須是忠於國家的良好公民。這些價值不但適用在老百姓身上，也適用於領導人，所以才有修身以道、濟世以道的說法。一旦社會繁榮富足了，則人民的幸福就能獲得確保。的確，新加坡的表現是極為傑出的，經濟表現優異、高水準的生活，以及清明的政治環境，不少事項都足以誇耀全世界，且令亞洲許多國家的人民欽羨。李光耀也因此獲得了新加坡人民的愛戴，並表達了對他的感激之情。

顯然地，社會秩序或個人福祉、大我小我孰重孰輕的假設不同，會導致領袖的領導行為不同，並因而有種種不同的評價。亞洲各國或採取菁英領導的國家通常對李光耀的領導方式及其治理下的新加坡有較佳的評價。可是，遵行個人最大的個人主義國家則不以為然。也因此，服膺集體優先的國家到新加坡取經學習的人絡繹於途，但信奉不同價值的歐美國家卻給予不少批評，包括新加坡講求嚴刑峻法，是一個殘酷專制的國度；李光耀則是一位馬基維利式的君王，講究法、勢、術。同時，亦貶低新加坡的種種成就，認為新加坡的高度成功，是極為功利主義的，為了經濟成長與社會秩序的利益，竟然可以犧牲個人的自由。

可是反求諸己，西方國家也是嚴以責人、寬以律己的，因為他們雖然宣稱民主，但在秩序形成的過程中，卻常有流血衝突發生，甚至有種種的種族歧視、階級壓迫，以及更糟糕的殺戮。相形之下，似乎也沒有多好。總之，這些爭議是見仁見智的，對李光耀的批評，終將隨著他的離開而逐漸淡去，但卻有不少新加坡人會永遠懷念李光耀的付出與貢獻，也會感激以其為首的人民行動黨的領導。

　　以上這個案例，多多少少都已涉及了家長式領導的主題，包括什麼是家長式領導，其內涵為何？作用為何？如何影響部屬的心理與行為？對組織績效具有何種效果？這些問題的回答，就構成了本章所要討論的主要內容。

什麼是家長式領導？

　　顯然地，李光耀所展現的領導行為與國家治理方式是具有清晰特色的，並反映了華人傳統的家庭倫理價值觀，這種鮮明的領導風格，可以稱之為家長式領導。此類與西方領導者截然不同的領導風格，常可在華人各類組織或各種領域中觀察到。除了國家治理的領域之外，在企業組織中的經營者、教育機構中的校長、運動團隊中的教練，以及軍事單位中的指揮官均可見到其身影，而李光耀則是其中表現最為傑出者。

家長式領導

　　李光耀與新加坡的案例顯示：領導雖然是全球共有的現象，有群體的地方就有領導，但領導者的表現卻是鑲嵌在文化之下的，隨著各地文化與習俗的不同，領導的內涵與功能也是不同的。因此，領導者選擇何種領導作風，不見得完全是個人意志的展現，而是會受到其所處社會之文化傳統的影響；至於何種領導作風有效，也得看當地的社會情境與偏好的領導方式而定。在不同的文化與環境之下，有效的領導方式也大不相同。例如：由於華人文化具有集體主義與高權力距離（上下權力差距大）的特色，因此，社會秩序的維持重於個人福祉的保有，因而是家長式領導的溫床；而北美或盎格魯撒克遜文化群則堅持個人至上的個我主義，因此偏愛上下平等的領導方式。由此觀之，李光耀的領導與治理方式受到西方媒體的抨擊，是可以理解的，因為他們所戴的文化色鏡不同，反映了西方人的一偏之見。

　　從人類權威的歷史演進來看，家長式領導實淵源於家長制，這是社會支配的一種類型。除此之外，還包括法制型（立基於法律）與魅力型（立基於個人的吸引力）兩類，這三種類型構成了人類社會秩序的基石。由於類型不同，所建構出來的社會秩序樣貌也不太一樣。這種純粹類型的想法其實是知名的德國社會學者馬克斯・韋伯（Max Weber）的真知灼見，他將人類的權威與支配區分成以上三大類，家長制是其中之一，這是指一種在經濟與血緣的基礎上，由一個繼承傳統的男性來進行支配的制度，成員身分是由傳統決定的，而不是由法律，因此家長扮演著十分吃重的權力要角；同時，下屬對家長的服從也是基於傳統角色界定來決定的。

　　過去，家長制在傳統中國與一些西方社會（如地中海國家）普遍存在。然而，由於各地家長權的淵源與發展歷史不同，家長制在許多西方社會已經逐漸式微或改頭換面，而成為社會法制發展的犧牲品。但在華人社會，卻保留得很好。理由很簡單，因為家長權與孝道有密切的關聯。在許多方面，華人兒女的神聖義務，即是孝順父母；孝順不只是完人的美德，家庭和樂的基石，也是維繫家族與社會秩序的基礎。

祖先崇拜是華人孝道的起源

　　歷史學者瞿同祖在其《中國法律與中國社會》的書中，就指出：中國的傳統社會秩序就是由家長制來維持的，父祖是首腦，一切權力都集中在他一人身上。家族中的所有人口，包括妻子兒女、旁系親屬，以及家族中的僕役都得臣服在他的權力之下。經濟權、法律權及祭祀權也都掌握在他手裡。由於重視祖先崇拜，所以家族的延綿、團結的倫理，都是以祖先崇拜為中心的。因此，家長權因祭祀權而更加神聖與強化；也由於法律對其統治權的承認與支持，使他的權力更不可撼動；何況供應家庭日常生活所需的資源，也是由其分配的。因此，家長權可說是凌駕於一切權力之上的。

　　也就是說，家長制在華人社會仍然頗為盛行，而且擁有很大的影響力。其所展現的領導行為與作風，即可稱之為

家長式領導。因而，家長式領導可以定義為：「在一種人治的氛圍下，顯現出嚴明的紀律與權威、父親般的仁慈及道德廉潔性的領導方式」，包括三個重要的成分，即威權、仁慈及德行領導。其中，威權領導是指領導者強調其權威是絕對而不容挑戰的，對部屬會做嚴密的控制，要求部屬毫不保留地服從；仁慈領導則是指領導者對部屬個人的福祉做個別、全面而長久的關懷；德行領導則可描述為領導者必須展現較高的個人操守、修養以及敬業精神。在家長式領導的影響之下，部屬會有相對性的反應，即威權領導會引發部屬的敬畏順從，仁慈領導則導致部屬的感恩圖報，而德行領導則促使部屬產生認同效法。

這種領導方式在華人家族中是司空見慣的，華人兒童很容易在家庭內的社會教化中學會如何與家長相處，並將所學到的經驗與形成的習慣，類推到其他群體或組織中。在華人社會，把群體與組織視為準家庭結構是司空見慣的，所以才有「以廠為家」、「以校為家」之類的口號，並把家庭內的人際互動法則類推到其他群體上，以學術語言來說，這種傾向可稱之為泛家族主義（pan-familism）。也就是說，不管華人組織規模如何擴大、科層化程度如何提升、或是組織規章如何確立，在家庭中所學習到的互動法則在這些組織中，仍然具有一定程度的影響力。因此，組織領導人或主管常會被視為類似父親的角色，而部屬則類似子女。

於是，在組織內部的上下互動之中，具有擬似家長權的領導者會展現出各種支配性的權威行為，並透過各種手段來控制部屬；而部屬則要表現出敬畏上位者、願意服從領導者

的行為反應。同時，領導者也會展現照顧部屬的仁慈領導，
而部屬則除了更願意表現忠誠與服從的反應之外，也會「感
恩圖報」。此外，基於「報」的觀念，使得上位者願意照顧下
位者；而下位者則會對上位者的照顧覺得有所虧欠，進而產
生感激之心，並願意在適當的時機做出回報──這種回報則
會再次強化下位者對上位者的絕對忠誠與完全服從。最後，
在德行領導方面，由於儒家的終極關懷是社會秩序的維繫，
而建立秩序的手段則端賴於個人的道德教化；也由於法律制
度的不完備，以及人治的傳統，因此，下位者對握有權力的
上位者會有品德與操守上的期待。於是，對華人領導者而
言，除了透過立威與施恩的領導行為，對部屬產生影響效果
之外，領導者展現以身作則、大公無私及正直德行領導，也
是相當重要的行事作風，並能激起部屬的廣泛崇拜與認同。
有關家長式領導與部屬反應間的關係，如圖3-1所示。

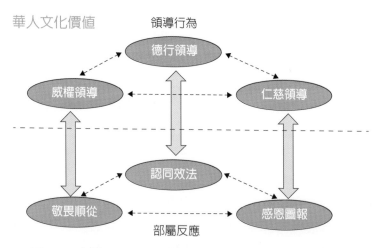

圖3-1　家長式領導與部屬反應（來源：Farh & Cheng, 2000）

家長式領導如何有效？

　　家長式領導是一種有效的領導方式嗎？從新加坡的案例而言，這個問題的答案顯然是肯定的。不過，這只是從一個案例所獲得的直觀結論而已，它需要有更多的證據──講求證據正是科學研究最重要的特色之一。有關家長式領導的研究，早期大多偏向單一或多元案例的質性分析或是理論論述，一直到臺灣本地學者的提倡，並將之命名為家長式領導，才受到全世界研究社群的廣泛注目，並有更多的研究探討，至今累積的中英文論文與文獻已高達三百篇以上。由於質性分析具有相當豐富的描述與直觀的洞見，因此值得在此特別交代，其綜合整理如表3-1所示。由表3-1可以瞭解，這些分析都是基於華人企業組織的研究而來，對象含括了臺灣、香港、菲律賓，以及東南亞各國的華人企業領導人，焦點著重於華人文化價值與經營理念、領導作風的關係，並找出重要的家長式領導行為向度。

　　為了進一步且更透徹地理解家長式領導與部屬反應、組織效能的關係，以及其中的內在邏輯，因此，需要更為廣泛地蒐集實徵資料，進行更多科學性的探討。其中，建構家長式領導的測量工具乃是理論檢證的第一步。於是，臺灣大學的研究團隊乃根據威權、仁慈及德行領導的概念內容，透過編製問卷的過程，發展了一套符合心理計量要求的家長式領導問卷，其部分題目如表3-2所示。這些題目可以反映威權、仁慈及德行領導的概念，亦具有相當不錯的信度與效度，代表此項測量工具是相當可靠與有效的。

表3-1　華人企業的家長式領導研究

項目	Silin （1976）	Redding （1990）	Westwood （1997）	鄭伯壎 （1995a）
領域	組織社會學	組織社會學	組織社會學	組織心理學
研究方式	訪談	訪談 文獻回顧	觀察 文獻評論	臨床研究 訪談、檔案 分析
研究對象	臺灣大型家族 企業	港、臺、菲華 人家族企業	東南亞華人 家族企業	臺灣民營企 業
文化淵源	儒家	儒家、釋家、 道家	儒家	儒家、法家
強調價值	家長權威	家長權威	秩序、和諧	家長權威
研究焦點	描述企業主持 人的經營理念 與領導作風	探討文化價值 與家族企業領 導的關係，並 建構概念架構	說明文化價 值對家族企 業主持人領 導的影響	建構有效華 人家長式領 導模式，列 出特定的領 導作風與部 屬相對反應
仁慈領導		照顧、體諒部 屬 對部屬觀點敏 感 徇私性支持	徇私性的個 別照顧	長期、全面 的個別照顧 維護部屬面 子
德行領導	綜覽大局能力 犧牲私利 集體利益為重	良師 楷模	做部屬的表 率 以整體利益 為重	以身作則 公私分明
威權領導	教誨行為 專權作風 威權整飭 嚴密控制	不明示意圖 不容挑戰與忽 視權威	教誨行為 建立威信 不明示意圖 講究謀權 維持支配權 與部屬保持 距離	專權作風 貶抑部屬 形象整飭 教誨行為

（來源：取材自鄭伯壎、黃敏萍，2000）

　　接著，檢驗家長式領導、部屬反應及效能的關係，是否符合圖3-1之架構的預測。在累積數萬筆的資料之後，整體實徵研究的結果顯示，家長式領導與群體效能具有密切關係。其中，仁慈與德行領導對部屬態度與效能大多具有正向作用；而威權領導對部屬工作態度、幫助組織與同事的角色外行為具有低度負向作用，但對工作績效則具有正向效果。這樣的效果與當前西方流行之領導理論的作用頗不一樣，並可以區分出來，顯示出家長式領導是華人組織中普遍且獨特的有效領導風格。

　　另外，圖3-1也隱含著：家長式領導之所以有效，是因為能透過對部屬的影響，而使得部屬能對領導者敬畏順從、感恩圖報，以及認同效法。進而提升了部屬個人的工作態度與工作表現。這種中介過程或心理機制的想法，在研究結果中亦獲得了支持。圖3-2所顯示的，即是威權領導會促使部屬畏懼害怕領導者，進而提升服從行為；仁慈領導會使得部屬知所感恩圖報，而提升其服從行為；至於德行領導則可促使部屬認同效法領導者，且進而提升服從行為、督導滿意，以及組織承諾。同時，畏懼害怕對部屬的督導滿意與組織承諾具有低度的負面效果，表示這種敬畏的確會使部屬感到壓力。整體而言，這些數據顯示家長式領導可以贏得部屬的服從，且發揮領導效能。因此，李光耀能贏得新加坡人民的敬畏與愛戴，並且擁有良好的治理表現，是其來有自的。

表3-2　測量家長式領導的部分題目

題號	威權領導	仁慈領導	德行領導
1	要求完全服從他的領導	相處在一起時像一家人一樣	得罪他時，會公報私仇(−)
2	單位大小事情都由他獨力決定	盡心盡力的照顧我	會利用職位搞特權(−)
3	開會時，依照他的意思做最後決定	關懷我私人的生活與起居	工作出紕漏時，會把責任推得一乾二淨(−)
4	採用嚴格的管理方法	我有急難時，會及時伸出援手	為人正派，不會假公濟私
5	當任務無法達成時，會斥責我們	對相處較久的部屬，會做無微不至的照顧	不會占我的小便宜
6	他強調表現一定要超過其他單位	當我工作表現不佳時，會去瞭解真正的原因何在	不會把我或別人的成果與功勞據為己有

(−)：負向題　　　　　　　　　　（來源：改寫自鄭伯壎、周麗芳、樊景立，2000）

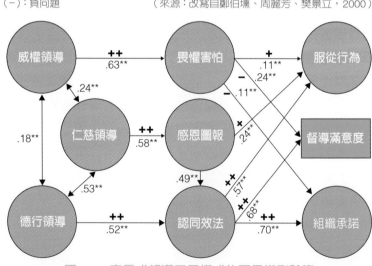

圖3-2　家長式領導三元模式的因果模型驗證

（來源：取材自 Farh, Cheng, Chou, & Chu, 2006）

家長式領導的應用

家長式領導的理論模式雖然是從華人企業組織的領導人身上提煉出來的，但亦可應用至其他領域，進行種種類推，並查看其外部或類推效度如何，包括不同性別的領導人、不同類型的組織，以及其他重視家族的文化地區。

家長式領導與性別

近年來，在男女平權的大趨勢下，全球女性領導者愈來愈多，不管是在政府機關、企業組織、教育單位或是其他各種機構，女性擔任領導者的比例逐年攀升，甚至在某些組織已有凌駕男性的傾向。由於過去的各種組織領導多由男性擔任，所以容易造成「領導者是男性、男性是領導者」的刻板印象。顯然地，這種刻板印象對女性領導者是十分不利的，需要女性領導者去適應與扭轉。至於與男性相形之下，女性領導者有何種優缺點或是獨特之處，也是值得深究的問題。

當代女性領導人比例逐年攀升，傳統男性領導模式受到挑戰

　　傳統上，所謂男主外、女主內，從性別角色的角度來看，男女性別的角色是有差異的，且可以區分為兩類，包括雄性陽剛的主動特質（agentic trait），以及雌性陰柔的協助特質（communal trait）。也就是說，從性別來看，雄性偏陽剛，女性偏陰柔；前者較為主動，後者則較偏輔助。因而，男、女性主管展現出符合自身性別角色要求的領導行為，通常難度較低，也與其自我概念較為一致，即男性是主動的，女性是輔助的。同時，對被領導的部屬來說，當領導者表現符合其性別角色的領導者時，會給予較高的評價。

　　根據這種性別角色的理論，家長式領導的三種行為：威權、仁慈、德行領導，正好符合雄性陽剛、雌性陰柔，以及性別中立的特性。其中，由於威權領導包含獨斷、控制及支配等行為，較屬於主動的角色行為；仁慈領導包含對部屬福祉的關切、照顧、寬容體諒等行為，較屬於協助的角色行為；至於德行領導則強調領導者必須有個人的道德操守、修養以及公私分明，較屬於性別中立的角色行為，因為不會隨主管性別而有不同要求。換句話說，威權屬於男性陽剛角色，仁慈屬於女性陰柔角色，而德行則屬於中性角色。因此，男性展現威權，女性展現仁慈，都會被視為理所當然，且獲得較大的接受程度。

　　傳統上，領導者的角色一向都是由男性擔任的，而非女性，因此，女性的既有性別角色與領導者角色是不一致的，而使得一般社會大眾總以為女性的協助角色是不適合當主動角色之領導人，而對女性領導者存有較多的偏見與刻板印象，且比男性領導者有更多的負面評價。尤其是當女性領導

者展現與自身性別角色不一致的領導行為時，這種情形會更加嚴重。也就是說，在父權文化特別突顯的華人組織之中，女性主管受到負面對待的情形頗為常見。尤其是華人女性在擔任領導者時，往往需要展現更多的專斷與控制行為，藉以鞏固上下之間的權力距離，強調其威權是不容挑戰的。因此，華人女性主管在上任領導者的職位後，必須面對性別角色與領導角色之間的兩難衝突。

這樣的推論也獲得研究結果的支持：有一個以科技與銀行業主管為對象的研究發現，威權領導的負向效果在女性主管身上特別明顯，也就是說，女性主管展現威權領導時，部屬的表現較差，不但創造力較低、助人的利他行為較少，而且工作表現也較差；可是，男性主管並沒有這種現象。更有意思的是，即使是符合女性陰柔的仁慈領導，其正向效果在女性主管身上也沒有出現；反而男性主管在展現與其性別角色不同的仁慈領導時，部屬會有更佳的表現。也就是說，男性主管展現威權領導是被視為理所當然的，其負面效果較不明顯；但展現仁慈領導時，則具有加分效果，因而，其領導效能更佳。也就是說，慈父型的領導者比嚴父型更能獲得部屬的肯定。可是，女性主管就不一樣了，她展現仁慈領導是被視為理所當然的；但展現威權領導時，則負面的減分效果就出現了，嚴母顯然比慈母更不受歡迎。

可是，現實的狀況往往是，女性主管為了快速獲取領導角色的正當性，往往會展現控制與支配部屬的威權行為。於是，女性在擔任主管時，將面對雙重挑戰，一方面她必須展現與自身性別角色不一致的領導行為，來樹立領導角色的

權威；但另一方面，她也必須面對因展現出與自身性別角色不一致的領導行為，而引發部屬的負向反應。究竟這種華人女性主管所面臨的雙重衝突與難處，要如何解決，就成了一項重要的研究與實務議題。在這方面，家長式領導提供了一項十分值得思考的線索。也許，對剛上任的華人女性主管而言，其首要之務，應該是展現性別中立的德行領導行為，以贏得部屬的認同效法吧！

家長式領導與運動團隊

在奧林匹克的運動競賽項目中，團隊運動是相當重要的，包括了排球、籃球、足球、水球、曲棍球、手球及棒球等等，至於橄欖球更是許多國家的國球。透過團隊運動，人類除了能夠展現奧林匹克的運動家精神之外，還涉及了其他許多部分，包括技術訓練、戰略運用、心理素質，以及團隊精神的發揮等等。其中，尤以團隊精神最為重要，因為當它發揮到極致時，就能以弱凌強，以小博大，發揮意想不到的超越效果。其實，這種精神也是當代組織效能與公民素質的重要一環。透過團隊精神的建立，才能使團隊成員，甚至社會公民之間能夠互助合作、互相信任，並擁有良好的默契，而能夠在各種競爭中脫穎而出；甚至在群策群力之下，眾志成城，邁向巔峰，臻於卓越。

在團隊組成當中，除了團隊成員之外，教練當然是要角，他是團隊的主要領航人。為了提升運動員的技術能力與心理素質，教練必須提供表現的回饋與行為指導；也需要能夠激發團隊奮戰不懈的鬥志，展現相互支持的團隊精神；且

上下一心,達成團隊目標。因此,教練領導在運動團隊建立與優秀運動員培養上,是不可或缺的重要角色。

在這方面,西方學者通常採用多元運動領導行為來說明教練的領導,包括訓練與指導、民主、專斷、社會支持,以及正向回饋的行為。可是,以這些行為來說明華人運動教練的領導是極為不足的,因為華人教練往往需要扮演亦師、亦父及亦母的角色責任,不僅需要擔負訓練、指導的重責,也需要兼任選手的生活管理與人生方向的導師,而與家長式領導的內涵十分相近,亦師類似德行,亦父類似威權,而亦母則類似仁慈。因此,針對臺灣棒球隊教練的個案研究就發現,在棒球隊這種類似大家庭的情境中,教練是以威權、仁慈、德行的三元家長式領導行為來帶領球隊的。教練不只要以身作則、傳授技巧、鼓勵團隊合作(德行),而且得嚴格要求球員努力展現績效,超越其他競爭對手(威權);同時,也得照顧球員的生活起居,並給予必要的社會支持(仁慈)。

棒球隊重視團隊精神,教練領導影響很大

同時，這種運動教練的家長式領導對運動員的團隊價值觀、領導信任、情緒感受、團隊效能、團隊滿意度，以及留隊意圖，亦都具有顯著的影響效果。此效果不但遍及各級學校運動員與各種類型運動團隊，而且能有效提升運動員的個人表現與運動團隊的集體效能，其結果頗符合圖3-1的預測。

家長式領導與跨文化普遍性

雖然家長式領導是在華人組織中觀察到的現象，但是，不少研究者卻也發現家長式領導不僅是華人組織中獨特且普遍的領導風格，也流行於權力距離高的文化地區中，包括東亞、南亞、中東、南歐及南美等等的地區與國家。究竟家長式領導在這些地方的類推性如何呢？是否能夠適切地應用在全世界的其他地方？其效果是否也與華人社會一樣嗎？

為了回答以上的問題，首先，需要檢視家長式領導量表是否具有測量恆等性的問題。亦即，此一測量工具具有跨文化的適用性嗎？能夠適用於不同的文化地區中嗎？還是因為文化不同，而有不同的解讀與意義？在一項以臺灣、中國、日本及南韓四個文化社群之企業員工的研究中，證實此量表不論是全部量表或是分項量表，都具有相當良好的信度；三元測量模式也符合基本適合度、整體模式適合度，以及模式內在結構適合度的統計標準，顯示家長式領導量表具有良好的建構效度。進一步的分析也發現，家長式領導三元量表符合測量恆等性的檢定。顯示，家長式領導量表在應用於評量四個文化社群時，其所得的分數是具有恆等意義的。因而，家長式領導在東亞地區的跨國之間，確實是可以進行互相比

較（comparability）與跨國應用（applicability）的，也存在著穩定的威權、仁慈及德行領導的三元結構。

在確定了家長式領導三元構面的類推程度之後，即可進一步檢定其跨文化的有效性。因此，研究者接著更有系統地蒐集了五個地區群、十個國家的樣本，包括：東亞（臺灣、大陸、日本、南韓）、東南亞（泰國）、拉丁美洲（墨西哥）、西歐（比利時），以及東歐（匈牙利、俄羅斯、烏克蘭等地區）等國，共3,670位具有正職工作的企業員工，來檢驗平均家長式領導效能是否具有跨文化恆等性，以及心理普遍性（level of psychological universal）。

所謂心理普遍性是指心理特性是否能夠放諸四海皆準，不存在領域或文化情境間的差異。這種普遍性是十分重要的，因為它是構成心理學的概念基礎。因此，在不同文化發展之概念必須加以檢視，即使是由美國之主流社群獲得的。至於普遍性的程度則可以由弱到強、由低到高，區分出四種情形：（1）不具普遍性，即此特性只在某種文化之下才存在，是具有文化獨特性的；（2）存在普遍性（existential universal），此種特性對不同文化情境下的人而言，在認知上是存在的，但功用與使用方式卻不見得一樣；（3）功能普遍性（functional universal），即認知一樣，功用也一樣，但使用方式卻不見得一樣；（4）提取普遍性（accessibility universal），即心理特性是具有完全的普遍性，各文化群在認知、功能，以及使用上都是一樣的。因此，由（1）到（4），文化普遍性的程度是逐步增加的。

結果發現，家長式領導在十個國家文化群中，都能有效

影響部屬個人的工作態度，其中，威權、德行領導對工作驅力具有正向的影響效果；仁慈、德行領導對組織承諾具有正向的影響效果，顯示家長式領導對上述效能指標具有「提取普遍性」。此外，仁慈領導對整體的團隊利他行為、德行領導對工作績效具有「功能普遍性」。最後，威權領導對部屬個人的組織承諾，仁慈領導對工作驅力與團隊績效，以及德行領導對團隊績效則具有「存在普遍性」。此結果說明家長式領導整體或三元領導都或多或少具有文化普遍性，只是因為效能指標的不同，而具有不同程度的普遍性。

此結果亦顯示了，即使在西歐的比利時，家長制並未完全滅絕，只是程度大小、強弱不同而已。也就是說，即使家長式領導是在華人社會中發現的現象，但在全球各地都仍然存有它的身影，難怪英國的研究者強調：即使在英國，家長制並未消失，只是以另外一種形式出現罷了；美國的《哈佛商業評論》亦報導紐約一家著名法國餐廳的大廚兼老闆，其所展現的領導即是一種典型的家長式領導作風（詳見第十堂）。

家長式領導與情境

由李光耀總理的案例中，可以看到組織中扮演大家長角色的領導人可能是一個可以創造歷史的英雄，他能激勵一般人達到原本所無法企及的目標，進而促使整個組織邁向高峰，締造出傑出的成就。其所展現的領導作風，包括了威權、仁慈，以及德行三種領導行為：這是以威權與鐵腕整治

不遵守規則的成員，嚴格要求高績效；以仁慈來照顧其下屬的臣民，不管是在工作上或是生活上、是短期還是長期；他也以身作則，嚴格要求自己、修養自己，使其所作所為都能作為部屬的典範。而部屬也會將之視為亦父、亦母、亦師的長輩，認為他充滿著威嚴、慈愛，以及睿智，而能產生正向移情作用，並展現服從、承諾，以及認同等種種反應，努力工作，進而提升生產力與工作績效，並促使整個組織發揮最高的效能。

所謂橘逾淮為枳，雖然家長式領導與部屬反應、效能之間具有一定程度的關係，但也不能忽略了領導情境的侷限性。因為領導行為會因為情境不同，而有不同的效果，這種彈性正是權變領導的立論所在。這些情境包括主管特性的領導者的職責與資源掌握度、領導者的才能；部屬特性的對權威的態度、依賴性；以及組織特性的生命週期或環境複雜度等等，這些因素都可能會干擾或調節家長式領導的效果。

以主管特性而言，領導者的職權愈大，掌握的資源愈多，家長式領導的效能就愈高。尤其是威權領導，不管是在工作績效、或是效忠主管方面，當主管掌握的資源愈多，則其效能會比掌握資源少時高。至於領導者的才能亦有類似效果，但更複雜一些：當領導者才能愈高時，威權領導與仁慈領導對效能的效果愈強；可是，德行領導對部屬效能的正向效果會被削弱，顯示領導者才能對德行領導具有某種程度的取代效果。

以部屬特性而言，家長式領導的效果，會因部屬而異。例如：部屬對權威的態度不同，家長式領導的效能可能也不

太一樣，尤其是威權領導。理由是講求平權的部屬通常比較無法接受威權領導，因而，威權領導的效果較差；但遵從權威的部屬則不然。另外，也由於主管的權威乃來自於部屬對他的依賴，或是一種心理依附，所以，當部屬的依賴或依附較高時，家長式領導的效果也會比部屬依賴低者為佳。

最後，在組織特性方面，組織生命週期處於創業階段時，最適合運用家長式領導，其效能比生命週期處於穩定階段者為佳；而經營環境單純的組織，家長式領導的效果會比複雜者為佳。總之，家長式領導與效能間的關係，是具有情境權變特性的。

課堂總結

　　新加坡建國總理李光耀的領導風格是一種典型的家長式領導，雖然有不少人對這種領導作風頗有微詞，甚至給予汙名化；但事實上，任何一種領導風格是否有效，得看其所處情境與文化屬性而定。家長式領導含括了威權、仁慈及德行三大成分，實徵研究證明，在華人社會中，這是一種普遍且有效的領導方式。近年來，此類領導風格受到國際學術界的重視，研究不少，並認為在權力距離大的文化價值下，是有效的領導方式。

進階讀物

　　關於家長式領導的概念提出與發展經過，可以參閱兩本專書，一本是鄭伯壎（著）（2005）：《華人領導：理論與實際》，臺北桂冠圖書公司出版。一本是鄭伯壎、樊景立、周麗芳（著）（2006）：《家長式領導：模式與證據》，臺北華泰文化公司出版。測量工具的發展，則可參見鄭伯壎、周麗芳、樊景立（2000）：〈家長式領導：二元模式的建構與測量〉，《本土心理學研究》，14 期，3-64 頁。

　　另外，關於家長式領導的近期發展，可以參閱鄭伯壎、姜定宇、吳宗祐、高鳳霞（編著）（2015）：《組織行為研究在臺灣四十年：深化與展望》中的專篇〈家長式領導〉，是由臺北華泰文化公司出版的；也可以參閱《本土心理學研究》2014 年 12 月的專刊：〈家長式領導二十年的回顧與前瞻〉，是由臺灣大學心理學系本土心理學研究室主編，心理出版社出版的。

　　如果讀者對家長式領導的國際化有興趣，則可參看以下的論文或專章：Pellegrini, E. K, & Scandura, T. A.（2008）. Paternalistic leadership: A review and agenda for future research. *Journal of Management, 34*（3），566-593，或是 Wu, M., Xu, E.（2012）. Paternalistic leadership: From here to where? In Huang, X. & Bond, M. H.（Eds）, *Handbook of Chinese organizational behavior: Integrating theory, research and practice*（pp.449-466）. Cheltenham, UK: Edward Elgar.

以下是本文主要參考的論文：Farh, J. L., & Cheng, B. S.（2000）. A culture analysis of paternalistic leadership in Chinese organizations. In J. T. Li, A. S. Tsui, & E. Weldon （Eds.）, *Management and organizations in the Chinese context. London : Macmillan*；鄭伯壎、黃敏萍（2000）:〈華人組織中的領導：一項文化價值的分析〉,《中山管理評論》,8期, 538-617頁；Farh, J. L., Cheng, B. S., Chou, L. F. & Chu, X. P. （2006）. Authority and benevolence: Employees' responses to paternalistic leadership in China. In Tsui, A. S., Y. Bian, & L. Cheng（Eds.）, *Multidisciplinary perspectives on management and performance*（pp.230-260）. New York: Sharpe.

第 **4** 堂
差序式領導

EADER

差序式領導

象徵節節高升的臺北101大樓

臺灣經營之神的用人之道

　　一個時代過去了，臺灣經濟奇蹟的主要締造者與代表人物之一的王永慶，於2008年全球金融風暴中，走完璀璨輝煌的人生，代表著臺灣戰後第一代創業家的殞落。在金融風暴狂掃之際，他雖然年紀已經超過90高齡，卻仍然擔心風暴對其經營版圖的影響，而風塵僕僕地遠赴美國台塑考察，終於鞠躬盡瘁，死而後已，客逝異鄉，完全符合了其所強調的刻苦耐勞的臺灣水牛的精神。

　　雖然人已凋零，但他所打造出來的台塑金字招牌卻永留人間，持續在世人眼中閃耀發光。也許這個帝國仍會屹立不搖，但在巨人傾頹以後，其所遺留下來的有形家產與無形權威的分配繼承，以及核心企業文化與使命的薪火傳承，就成了企業首先需要面對的問題。果不其然，後代子孫已經為了家產與權力的分配而鬧得沸沸揚揚；而其鉅細靡遺的經營模式，以及差序對待的用人之道，亦可能面臨挑戰。

　　看來，華人家族企業傳承的百年大戲，仍陸陸續續在各

朝各代、各式各樣的組織中上演著，並無戢止的徵象。組織的現代化與資訊化對此的影響顯然十分有限，難道這是華人文化傳統的國粹，也是華人家族企業的宿命嗎？畢竟對家族企業而言，有形的家產分配容易，但無形的權威接續則是困難許多，人人也許都各有機會，可是個個卻都毫無把握；即使是往生者已經做了精心的規劃，但面對法律，也可能是全部翻盤重來。

另外，在缺少大家長的帶領之下，追根究柢的務本精神仍然存續嗎？剩下多少？瘦鵝理論一樣流行嗎？還是瘦鵝已成肥鵝，台塑神話從此破滅，並導致一些危機的發生。所謂「人存政舉，人亡政息」，少了創辦人的耳提面命，台塑王國是否仍有再造輝煌的可能？所謂克紹箕裘，但第二代有第一代的本事嗎？不過，不管如何，王永慶的創業，以及台塑王國的崛起，絕對是一項傳奇，其用人之道更可以提供後繼者不少的啟發。

王永慶的創業要從其出身談起，他誕生於北臺灣新店的窮困茶農之家，15歲南下稻米集散地的嘉義，當了米店學徒，並於一年後借錢開了一家米店。他的經營十分成功，隨後經營了碾米廠；而在二次世界大戰期間，則轉而發展磚瓦、木材等事業。在1954

臺灣經營之神王永慶是由米店起家的

年，臺灣政府獲得美援的幫助，準備發展塑膠相關產業，而找到王永慶。在美援與政府的支持下，他籌設成立了福懋塑膠公司來生產PVC塑膠粉，後來改名為台灣塑膠公司。在他的經營下，業務蒸蒸日上，於是整個塑膠相關的上下游產業，在他手裡如雨後春筍般地狂冒而出。在10年之內，南亞塑膠、新東塑膠、臺灣化學纖維及其他相關企業紛紛設立，使得台塑逐步完成臺灣石化產業供應鏈的垂直整合，並擴張至海外。

　　經過半世紀的發展，在二十世紀末期，台塑集團已經擴張為一個跨功能、跨產業、跨國籍的巨大集團，版圖雄踞眾多製造、民生及醫療等領域，並成為臺灣數一數二的民營企業，台塑三寶更是臺灣傲人的品牌之一。他在臺灣中部填海造地創立的六輕，也被譽為是世界石化產業的奇蹟。他的所有作為，對臺灣經濟的躍進性發展，具有舉足輕重的影響。要不是政府對他西進政策的阻撓，說不定在他手裡早已美夢成真，使台塑成為世界第一，傲視全球。由於他的成就驚

台塑集團是全球石化產業巨擘

人，日本人將他視為可敬的對手，並推崇他應與日本經營之神的松下幸之助並肩齊列，而稱他為臺灣的經營之神。

王永慶的成功，與其知人、識人、用人的人才管理不無關係，他除了創辦專科與大學，來為集團培育專屬人才之外，也擅長於給予員工壓力式的激勵，以激發人才發揮無與倫比的潛能。由於幼年貧困的生活背景，他深信壓力下的刻苦自礪，更能產生高昂的戰鬥意志，這是企業得以在競爭激烈的環境下存活的關鍵。因此，他擅長藉由追根究柢來追問問題發生的來源，尋找問題的本質，來對員工施加壓力；並強調實事求是、劍及履及地解決問題，既治標又治本。他也強調必須立足於未來，把握現在，領先對手且快速取得市場先機。因此，絕對不能滿足於現狀，而需要苟日新，日日新，又日新，期止於至善，領先大未來。因而，樹立了苦幹實幹的台塑精神，並稱之為「塑膠牛的精神」，也因此員工都自稱為「台塑牛」或是「南亞牛」。

什麼是台塑精神呢？根據員工的解讀，就是要將生命奉獻給工作，要熱愛工作。就像二十世紀70、80年代的日本人一樣，勤能補拙。雖然東洋人不是特別聰明，但因為熱愛自己的工作，所以能夠為企業創造出高度的成長，以及傲視同業的業績。而且，工作上的成就與人生的成就是一體的，個人與企業唇齒相依，企業的榮譽即屬個人的榮譽。沒有榮譽感，就無法在世界市場中立足，取得一席之地。因此，在工作上，「塑膠牛」要能追根究柢，苦幹實幹，堅忍不拔；在生活上，則要能勤儉樸實，二十多天的休假只要休三、兩天即可；工作之餘的娛樂，則是爬山、慢跑等既健康又不花錢的

休閒活動。

除此之外，更強調心態上的去個人化，不能有什麼個人英雄主義存在。所以即使許多台塑牛表現得十分傑出，但也都謙虛地說：「沒什麼好驕傲的，我們都很平凡。」也就是說，在台塑集團任職，員工的個人意識絕對都是以老闆與企業為中心的。因而，在對內事務上，也許主管非常有衝勁，也具有開創性的，但對外卻十分低調，是一位沒有聲音的人，不但不居功，而且也不會踰越部屬的分寸。因為員工都知道，如果太過張揚，高階主管其實是不太高興、也不太能夠忍受的。

這種「台塑精神」的特質，鮮明地表現在台塑高層與中堅員工的工作態度與個人風格上，例如：不少主管即使需要參加家族的各種婚喪喜慶，也常常是典禮完畢後，馬上趕回公司上班，因為王永慶也常在農曆春節不忘加班；上班時，長年都穿布鞋，很少穿皮鞋；出差住的旅店，也都以平價為主，而展現出「勤儉刻苦」的作風。當然，這種台塑牛的精神與文化的塑造，都不可能是一朝一夕可以竟其功的，而是涉及到各種獎勵系統的精心設計，以及領導人耳提面命、用來溝通與灌輸的信念與價值。

以台塑獎勵系統的設計而言，頗為深諳華人公開表揚與私下嘉許的利弊得失，以及其精神所在：有些事能說不能做，有些事能做不能說；有些事可以公開，

獎金是最直接的一種獎勵方式

有些事必須隱密。在公開與隱密之間，是需要審慎拿捏的，並有一些巧妙，以符合華人的傳統價值。以主要激勵系統的年終獎金而言，除了公開的年終獎金之外，還有一份私下給、不曝光的獎金，是老闆偷偷塞的，其數額常常凌駕於公開的部分，而且可大可小，完全反映了老闆對該主管或員工的年度評價，而且具有十足的差異式獎勵的味道。這份額外獎金又可區分為兩種，一種是一般性的「黑包」，金額由數十萬至數百萬，是根據職級大小與貢獻度來區分的；另外一種則是「槓上開包」，則是對業績傑出者的鼓勵與紅利。

因此，從金額大小，員工即可清楚知道自己的年度表現在老闆的心目中的分量如何。也因為有這種潛藏的機制，員工個人的努力與貢獻不會被埋沒，所以頗具有激勵效果。但是相對的，如果沒領到黑包，或是金額少了許多，則是一大警訊，表示自己的表現並不能符合主管的期待，而需要大幅改善，或是暗示應該離開。在研究訪談的案例中，我們曾遇到一個有趣的例子，有位主管拿到黑包時，覺得金額後面好像少了幾個零，而去詢問出納是否算錯了，結果竟然完全正確，於是就自動辭職了。

除此之外，雖然公司對升遷自有一套制度，通常都會依照制度而行，以符合公正、公開、公平的原則。可是，還是有例外，王永慶另有一套破格任用的辦法，這種辦法可以突破科層制度的僵化，而使得組織制度有了彈性。在我們研究過的案例當中，有一位資深的中級主管曾經論及他是如何被破格升遷的：

　　我的學歷只是初中程度而已，升高專時已經達到退休年資的25年，年齡超過50歲。一般而言，年紀這麼大又可以退休的人，絕對升不了，結果很意外地，我還是升上去了。照理說，公司升專員是有一定規矩的，必須是大專畢業的，而且要具備六年年資。我學歷不夠，等於完全不可能。何況後來公司的制度又規定要考電腦資料處理、英文單字200個，都是專有名詞；還有一些管理知識，例如：進出口貿易、會計等等，要考的科目很多。我認為這把年紀與年資，即使考過了，考再高分，也不可能會升遷的。所以，就放棄了，沒去考。奇怪的是，我沒有去考，上面的人反而緊張了，說這個人怎麼可以不來考試。結果臨時發了一張公文下來，取消以上的規定動作，直升，就把我直接升為高專。我自己也覺得奇怪，因為真的很不合常理。升完後，第二年就又恢復考試了。結果許多人都在罵：「哪有這樣因人設事的。」

　　在分析王永慶經營台塑的時代，這種差異式的用人與獎勵方式其實是頗有道理的，能夠如實地反映老闆的權威，有些事是老闆說了才算，人治有時還是會凌駕於法治之上的。不過，企業領導人之所以無法完全尊重形式理性，而破格用人，當然涉及法規條例有時緩不濟急，無法因應變局；有時，則是法令無法適用於所有人，而必須加以修改或權衡，

尤其是當有明顯的遺珠之憾時。因為被破格拔擢的案例，的確總是專業知能極佳、績效良好、對企業亦十分忠誠的人。以此類推，如果是不適任的人，也會反其道而行，給予各種明示暗示，在留員工餘地與情面之下，要他離職另謀他就。

有不少例子都能反映王永慶的這種差序式的用人理念與標準，他總是認為對員工的溫情，要用在有貢獻的人身上，才會成為一種關愛與鼓勵；如果是用在沒

溫情要用在有貢獻的員工身上

有貢獻、不努力的員工身上，反而會戕害他努力的動機，對企業與員工都不是好事。因此，藉由照顧、獎勵，來肯定努力、有貢獻的員工；同時，也給予必要的壓力與期待，使人才能夠充分發揮潛能，且有所成就。然後，再給予優渥的獎勵來加以肯定，並形成良性循環。至於無法符合台塑文化的員工，則也會有意無意地要求改善或請他另謀出路。

可是，究竟要如何來判斷一位員工是否屬於可以栽培的人才呢？什麼人方可發揮台塑牛的精神？這種判別的標準究竟何在？當然，除了以上所討論的績效與才能是一項標準之外，也還有不少其他指標。由於本質上，台塑仍然是屬於一個家族企業集團，所以內外有別，家族與非家族的分際是很清楚的。在台塑上上下下的員工心裡，都心知肚明，這是一條不容易跨越的鴻溝，是涇渭分明的界線。由於華人的家族

倫理觀念深重，因而家族成員在家族企業中的發展，必然迥異於一般非家族成員，這是一項彼此心照不宣的規範。雖然更年輕時，王永慶曾經表示：「他所經營的企業是沒有親戚朋友的」，意思是說他不會任人唯親，並用以批評其他啟用第二代子女進入企業就職的臺灣民營企業。可是，批判別人容易，然而當自己也必須面對類似問題時，就不那麼簡單了，甚至立場不變。因為一旦子女長大成人，就得考慮是否進入自己的企業。結果當然是多數人都進了台塑集團，即使是子女的配偶也多在企業中立足，而且擢升速度也的確比一般員工快多了。平均而言，要升任高階主管，一般員工的年資可能要長達30年以上，但家族的成員可能在短短10年內就已經扶搖直上青天了。另外，重要職位的主管雖然不見得一定是家人，但優先考慮的仍是家人，除非是家人不適合，才有可能交棒給外人，因為畢竟是血濃於水，血緣重於業緣的。

除此之外，儒家倫理也強調男尊女卑，夫義婦聽，台塑亦彰顯了這種傳統價值觀，男女的權力與待遇差距不小。男女同工不同酬是常態，而且女性員工的薪資總比男性員工低；男性員工的升遷管道較為順暢，從事的工作範圍較廣，也有更大的機會升任直線、管理職位；可是，女性員工卻非如此，升遷的機會較小，較從事幕後、間接及服務性的工作，升任管理職的可能性也較小。除了具有大小、內外有分、男女有別的標準之外，忠誠度與服從權威也是重要的因素之一，因為忠誠才能使部屬服從領導人的命令，領導人才能放心賦權。一旦當忠誠度被認為是有問題時，即使是業績彪炳的戰將級、天王級的人物，也必須去職。更極端的例子則是王文

洋，他雖然與王永慶具有血緣上的父子關係，但因為意見不合，兒子不服從父親的權威，即使貴為太子也是得離開的。

如今這些用人標準也許隨著王永慶的辭世而由濃轉淡，臺灣經營之神的種種作為，以及膾炙人口的故事，亦將逐漸為世人所淡忘。取而代之或浮上媒體版面的，反而是王文洋與三房之間的爭產訴訟勢均力敵、六輕的連續兩次大火燒出經營危機，這些受到矚目的事件也考驗著後王永慶時代的台塑集團的公司治理、危機處理能力，以及經營智慧。雖然如此，王永慶所建構的台塑傳奇，以及其中的用人機制，可以為華人的差序式領導提供不少洞見，足供後人學習，並引以為鏡。

什麼是差序式領導？

從臺灣經營之神王永慶的用人案例中，可以發現華人家族企業的管理突顯了人治主義與差序獎勵的特色，此兩種傾向，會展現在最高領導者權力獨大，掌控經營權，且對部屬採取個別化的管理上面。因而，不論是工作分派、賞罰、升遷、調薪，以及生活照顧，領導者都可能因部屬而異，而有種種不同的對待。差序獎勵也意味著領導者對待部屬並非是一視同仁的；在領導者心目中，部屬是有所區分的。值得進一步深究的是，究竟其區分標準為何？而這種個別化、差異化的管理方法，是否在華人家族企業的經營上擁有特別的優勢？

這些問題的回答，正是作者鄭伯壎的員工歸類模式所打

算處理的。此模式認為每個人的認知容量都是有限的，需要化繁為簡，對外面的事物加以歸類。因而，對領導者而言，需要以種種標準來對所轄的部屬加以區分，並對區分之後的部屬有種種不同的態度與對待，而形成一種差序格局。差序格局是費孝通比較東西方群體的差異，所提出來的概念，認為華人傳統的社會結構具有一種同心圓波紋的性質，波紋的中心是自己，與別人發生的社會關係，就像水的波紋一樣，一圈圈推出去。隨著波紋與中心的遠近，而形成種種親疏不同、貴賤不一的差序關係。因此，員工歸類模式亦可稱之為差序式領導。

華人社會結構具有同心圓的波紋性質

　　更詳細來說，差序式領導認為在華人企業組織內，領導者為了化繁為簡與有效分工，會以歸類的方式來進行員工的管理與領導。其中，歸類的標準，首推關係（員工與自己之關係親疏，親）、忠誠（員工的忠誠高低，忠），以及才能（員工的才能大小，才）三種。所謂關係是指，對領導者來說，其與部屬的關係，可依親疏遠近而有所不同，而顯現出

第1堂

第2堂

第3堂

第4堂

第5堂

第6堂

第7堂

第8堂

第9堂

第10堂

重親主義的傾向。同時，領導者會因成員與其關係的親疏遠近，而有種種不同的對待方式。對於具有血緣或姻親關係的部屬，以及一些雖不具親屬關係，但具備特殊社會連帶（如九同）的親近部屬，領導者會與之形成較為緊密的關係；但對於不具備血緣關係或特殊社會連帶的陌生人部屬，則心理距離較大，關係較為疏遠。

至於忠誠的標準，則是認為最高領導人是組織的經營核心，為免力量分散，或是為了規範組織內部的秩序，促進團結，成員必須對他與組織作毫不保留的奉獻與效忠。也因為就家族企業而言，企業領導人與組織是同一體的，最高領導人的成敗幾乎等同於企業成敗，因此，忠於個人等同於忠於組織，凡事應以領導者的意志為重，並要求員工犧牲奉獻、服從不二，以及完全的認同。

就才能而言，員工的才智、能力，以及績效表現，也是企業領導人歸類員工的標準之一，因為這項因素涉及了工作任務的完成與組織目標的達成。可是，對於華人領導者而言，才能不只是要求員工具有完成工作任務的能力，也包含了努力遂行工作目標的動機。前者包含性向、技能、知識及工作經驗，後者則是運用能力於工作上的努力程度。而領導者對員工才能的歸類方式，也常常是透過對員工的工作績效與工作品質等具體的表現來加以判斷，並逐漸形成的。

關係、忠誠，以及才能之所以成為華人企業領導人最重視的三項標準，當然是有其文化根源的，關係涉及的是關係取向與親親法則；忠誠則與權威取向、尊尊法則有關；至於才能則與賢能政治、任賢舉能有關的。經由這些固有文化

的薰陶與教化，華人領導者在管理組織時，往往會著重於此三種標準；而一般華人或部屬亦會贊同這項標準是合理的，並視為理所當然。一旦企業領導人依照關係親疏、忠誠度高低，以及才能優劣將員工加以歸類後，其與員工的互動方式也隨著類型而有所不同。

　　具有血緣或擬血緣關係、忠誠度高，以及有能力為組織做出貢獻的部屬，比較會被企業領導人視為內團體或自己人；反之，沒有特殊關係連帶、忠誠度低，或是能力低下的員工，則容易被視為外團體或外人。也就是說，當領導人掌握此員工在此三種標準的特性後，則可以進一步將員工細分為八種類型（如圖4-1所示），並與此八種類型的員工產生不同的互動，而構築了華人企業組織行為運作的基礎。這八種類型依親、忠、才高低，分別可以命名為經營核心（高高高）、業務輔佐（高高低）、恃才傲物（高低高）、不肖子弟（高低低）、事業夥伴（低高高）、耳目眼線（低高低）、防

領導人與員工之互動，會依其分類而有所差別

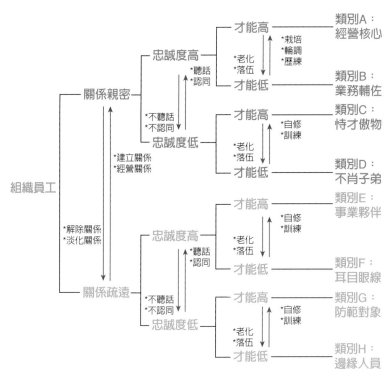

圖4-1　華人企業領導人對員工的歸類與類型
（來源：取材自鄭伯壎，1995）

範對象（低低高），以及邊緣人員（低低低）。不過，類型與
類型之間也並非是固定不變的，部屬是可以透過一些作法，
例如結婚、輸誠及自修等來進行類別的轉換，因而，歸類過
程是動態的。

　　從經營核心，至最末的邊緣人員，其被視為自己人與受
信任的程度是依序遞減的。不僅如此，企業領導人對於自己
人與外人員工，亦會有差別待遇與差別反應的現象，並表現
在內部的組織與管理上。一般而言，企業領導人對於自己人

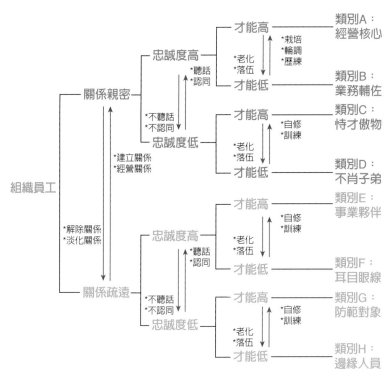

員工，會有較多的信任感、親密感，或是義務感；在領導作風上，領導者對於自己人會較寬大、體諒，以及人際取向，對外人則較嚴格、苛求，以及工作取向，而且也比較喜歡跟自己人員工接觸；從組織職位或工作控制來看，自己人員工較可能占有核心地位或是居於管理階層，外人員工則居於下層作業或執行層面；而工作設計、僱用關係、資源分配方面，自己人員工較容易獲得領導者的長期僱用與獎勵，外人部屬則較少。

以上的理論分析都是透過對華人家族企業的長期觀察而來，但實徵研究的結果又是如何呢？目前的研究顯示，以歸類標準而言，親、忠、才也許是三項重要判準，但權重並不見得一樣，這反映了企業的領導人的主觀偏見，有的較偏關係，有的則較偏才能或忠誠；除此之外，也可能含括了員工品格或合群等等的標準。不過，親、忠、才仍然是最重要的三項指標。除此之外，華人家族企業是否都擁有這八大類型的員工呢？答案是肯定的，研究結果也大致支持這種看法，只是人數的百分比分配可能有所不同，尤其是第八類的邊緣人員較為少見。

另外，亦有研究發現，依照關係、親疏的區分標準，也可以將員工區分為家人、熟人及生人等三大類型，並可以查看華人大型家族企業所展現的三種組織次文化類型，以及勞動體制。這三種類型分別是上層的情感取向的家族文化、中層的人情取向的差序文化，以及下層的工具取向的制度文化（如圖4-2所示）。上層包括了居於企業最高的所有層與經營決策層的成員，主要是與企業領導人最接近的自己人，通常

是家族成員與資深、忠誠、有才能的熟人員工；在中層，主要是熟人，家人則比較少；至於下層則是無社會關係或較不具親近關係的生人或外人。上層文化較講求偏私化，展現的是如家人般的情感關係；中層文化講求彈性化，展現的是一種人情關係；至於基層文化則講求標準化，展現的是工具取向的利害關係。因而，三層文化中的人際互動本質、互動法則，以及對待方式都是有差別或有差序之分的（如表4-1所示）。

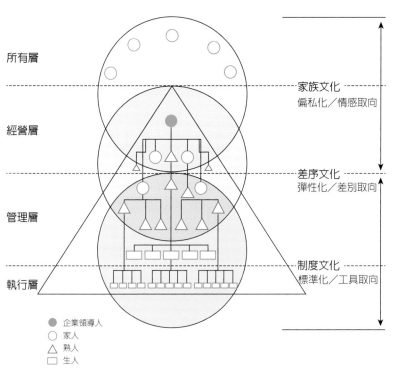

圖4-2 華人大型家族企業的三環文化結構
（來源：取材自鄭伯壎、林家五，1998）

表 4-1　華人大型家族企業之三環文化與人際互動

文化類型	營運層級	關係對象	互動本質	互動法則	角色義務	社會認同對象	對待方式	文化特色	制度強調
家族文化	控制所有權經營權	家人	情感交流	情感取向講求責任	高	家長／家族	無條件照顧	生命共同體	偏私化
差序文化	監督經營權管理權	熟人	差序式領導	差別取向講求人情	中	老闆／組織	互惠照顧	義利共生團	彈性化
制度文化	執行管理權執行權	生人	制度管理	工具取向講求利害	低	個人／團隊	工具交換	經濟交換所	標準化

（來源：取材自鄭伯壎、林家五，1998）

差序式領導的效果

　　差序式領導要能發揮效果，主要涉及到兩項條件：首先是領導人的員工歸類標準必須是與個人效能有關的；其次是領導人所採取的差別待遇，需要具有獎優汰劣的作用。因此，如果要探討差序式領導與部屬效能之間的關聯，需要先瞭解關係、忠誠，以及才能三種標準對部屬效能的影響效果。過去的研究發現，主管知覺之部屬忠誠對工作滿意度與督導滿意度具有顯著的預測力；而情感關係則對督導滿意度具有顯著的預測效果。另外，在以績效作為部屬才能的指標時，亦發現上評績效確實與部屬的組織承諾、工作滿意度、

督導滿意度及留職傾向具有顯著相關。這些結果都隱含著差序式領導者與部屬效能具有一定的關聯性，或是具有正面作用。

在進一步追究關係、忠誠及才能為什麼會與部屬效能有關時，則可以發現原因乃來自於此三種標準所導致的領導者的差序心理與管理行為。亦即，由於對不同類別的部屬有不同的賞罰對待，領導者對自己人部屬與外人部屬有著不同程度的信任感、親密感，以及義務感，而給予自己人部屬與外人部屬管理上的差別對待。當自己人部屬在受到領導者的信賴，獲得較多的照顧、提拔、獎勵，以及較為頻繁的互動溝通後，會產生感激的感受，並展現出投桃報李的回報行為；至於外人部屬則不然。

由於華人文化傳統強調「吃果子拜樹頭、吃米飯敬田頭」的感恩之心，所以從消極面而言，受人恩惠者對施恩者會比較服從或尊敬，因為若不贊成或不支持施恩者的意見，就違反了互惠的原則，而會讓人覺得不舒服。因而，受恩者會避免對施恩者加以批評，或反對施恩者的意見。就積極面而言，當領導者對部屬展現施恩的行為時，部屬會緬懷恩情、感念領導者，因而，較常表現出敬業、努力工作，以符合領導者的期望。也就

對領導者的恩澤，員工會回報以積極敬業

是說，當自己人部屬感受到領導者特別的照顧與對待時，比較會覺得有義務去認同與支持領導者，因而變得更加努力工作，也對領導者有較高的滿意度。此外，由於在工作上獲得較多的支持與資源，自由發揮的空間較大，也能獲得較多的獎酬，所以其工作滿意度與組織承諾亦會較高。同時，也會願意扮演領導者與外人間的協調者角色，調和鼎鼐，使得團隊與組織的運作更為順暢。

除此之外，領導者的差別對待亦提供一種具體的結果回饋，而具有條件式酬賞的功能，並可以有效激勵外人部屬展現合乎領導者期望的行為。替代學習理論也指出，當外人部屬觀察到自己人部屬受到領導者較好的對待時，亦能促進外人部屬模仿自己人部屬，並展現出更多符合領導者期望的行為。因此，領導者依照部屬的表現來施予酬賞，可以提升部屬表現與工作滿意度；亦可降低搭便車之社會閒散（social loafing）的問題。社會閒散是指團體成員會因為團體中有其他人的存在，而有意混水摸魚，並導致個人績效的降低。也就是說，領導者的差別對待，可以透過條件式酬賞與替代學習，來降低團隊的社會閒散；並因為知曉領導者會注意且認可個別部屬的表現，而會更加努力工作，來提升績效。

第三，從角色分化（role differentiation）的觀點來說，在差序式領導中，領導者主動界定自己人部屬與外人部屬在團體內的地位，並賦予不同的工作任務與責任，可以發揮適才適所的功能，而對團隊效能具有正向效果。在臺灣企業組織中的實地觀察中發現，華人差序式領導者讓有能力、配合度高的自己人部屬，擔任組織經營的核心位置，負責重要且

困難的任務；而外人部屬則負責支援性與執行性的任務。因此，差序式領導者可以藉由區分成員的角色與分工，妥善運用團隊成員的才能與專長，進而提升團隊效能。

差序式領導的條件

　　雖然透過感激感恩、操作制約與社會性學習，以及角色分化，差序式領導可以對部屬效能發揮正面作用；可是，如果這種差別對待引起部屬的不公平感或相對剝奪的感受時，就可能會產生不良影響，並降低個人與團隊效能。公平理論指出，個人會將自己的付出與所得的比率，與他人進行比較，以決定分配的結果是否公平。當自己的獲得與付出與別人不同時，就容易引發不公平感。為了保持平衡的狀態，可能會採取降低付出、改變結果、離開與改變比較對象等方式，以恢復公平感。相對剝奪理論則進一步說明酬賞不公時，相對的落差會使得個人產生被剝奪的感受，而引發壓力、不滿及怨恨，並使得員工產生曠職、請假、罷工，以及破壞性的偏差行為。

　　由於差序式領導者對自己人部屬與外人部屬，在參與決策、照顧支持、寬容信任，以及提拔獎勵上，都可能存有差別對待，因而，團隊成員如何解釋這種差別對待，就成了差序式領導是否能夠發揮效果的關鍵。當成員認為差別對待是合理的、公平的，則此類領導可以發揮正面效果；反之，當成員認為團隊的成功，是依賴團隊成員每個人的付出，彼此之間是平等的，而不應有厚此薄彼的差別對待時，則可能

導致不公平或被剝奪的感受，而會破壞團隊成員間的和諧關係。因而，被領導者視為外人的部屬，可能會對領導者所偏好的內團體成員產生較為負面的評價，較不喜歡他們，甚至減少與他們的溝通。於是，將會對團結與合作產生負面影響，並導致整體效能的低落。

幸好，這種不公平感與被剝奪感的效果，也並非是無法改變的，尤其是在長期的相處之下。也就是說，當領導者與成員、成員與成員之間的關係較為長期時，相對剝奪感亦有可能產生激勵性的效果。特別是員工相信現況是可以改變時，即可滋生出自我改善（self-improvement）與積極改變（constructive change）的動機，而會更加努力工作，尋求訓練與成長機會，更願意向上提供建言。另外，由於自己人部屬能夠獲得良好標籤，而有較高的個人自尊，因而也可能促使外人部屬盡力改變現況，以期加入自己人團體。當差序式領導中的歸類標準與類別更為動態與可以改變時，這種外人部屬的自我改善會更加生猛活潑。

其次，華人文化中的人治主義，也會削弱差序式領導的可能負向效果。人治主義的一個特徵是，接受並認可個人的私人關係可以作為決策的考量之一。因此，外人部屬可能會察覺到華人企業組織中的人治主義特色，較能接受差序式領導者的差別對待，而不會產生強烈的不公平感受。有些研究也的確發現，差序式領導的偏私對待，並不見得會讓華人部屬產生強烈的不公平感，尤其是當部屬具有高度權力距離的知覺時，因為相信上下間的權力應該是不對等的，而使得差序式領導與部屬的主管公平知覺產生顯著的正向關聯。換句

話說，在華人文化傳統的影響下，差序式領導不但不會引起部屬的不公平感受，反而會覺得差序式對待是合理的。

雖然如此，為了避免差序式領導的負面效果，領導者應該儘量避免引發部屬的不公平感受。因此，在領導的過程中，領導者必須以團隊或組織的利益為首要考量，而不是個人私利。因為當員工覺得被歸類為自己人的部屬並非是基於對組織或群體貢獻而來，而是其他類似逢迎拍馬等非關貢獻的標準時，容易引發員工的不公平感受，並進而削弱領導效能；同時，員工的向心力與積極性亦會降低。其次，領導者與部屬對歸類標準應該要有共識。由於人們對歸類與對待的標準不見得相同，所以領導者在設定這些標準時，可能得察納雅言，集思廣益，以形成上下共識，來發揮差別獎勵的正面效果。否則，當論功行賞被解讀為既得利益者的就地分贓活動時，就會充滿著負向情緒與忿忿不平的感受。因此，事先尋求上下之間對區分標準的共識，或是領導人具有察覺下屬想法的能力，以及具有洞察全局的眼光，應該可以避開這種陷阱。

總之，差序式領導從差序獎勵的觀點出發，對部屬應具有一定程度的激勵效果。可是，領導者也得開誠布公，以組織為先，方可確保與強化這種效果與效能的關係。從臺灣經營之神的案例中，可以發現王永慶的雄才大略與戮力為公司的精神，再加上其差序式的領導作風，帶出了台塑集團半世紀的榮光；可是，也因為存有一些人治主義的成分，因而在凋零之後，導致兒女之間的鬩牆之爭，也就在所難免了。

課堂總結

　　有些華人領導者傾向於根據部屬的才能、忠誠及上下間的關係，將部屬分門別類，再針對各種類別給予不同的對待或是差異性的賞罰，這種作風稱之為差序式領導。這種領導對部屬效能雖然具有一定程度的影響效果，但也可能引起部屬的不公平感受或相對剝奪感，而必須妥善處理，方能發揮賞罰分明的正面作用。

進階讀物

　　有關差序格局與員工歸類模式的想法，可以參看鄭伯壎（1995）：〈差序格局與華人組織行為〉，《本土心理學研究》，3 期，142-219。質性的實徵研究，請參閱鄭伯壎、林家五（1998）：〈差序格局與華人組織行為：臺灣大型民營企業的初步研究〉，《中央研究院民族學研究所集刊》，86 期，29-72。

　　至於近期的評論性論文，則可以參見姜定宇、鄭伯壎（2014）：〈華人差序式領導的本質與影響歷程〉，《本土心理學研究》，42 期，285-357；或是徐瑋伶、鄭伯壎、郭建志、胡秀華（2006）：〈差序式領導〉。見鄭伯壎、姜定宇（編著）：《華人組織行為：議題、作法及出版》，臺北華泰文化。另外，臺灣大學心理學研究所徐瑋伶的博士論文（2004）：《海峽兩岸企業主管之差序式領導：一項歷程性的分析》，亦值得一讀。

第 5 堂
威權領導

EADER

威權領導

鴻海帝國與富士康的跳樓事件

鴻海科技集團（Foxconn Technology Group）創立於 1974 年，在郭台銘董事長的「聚才乃壯，富士則康」期許

鴻海科技是全球最大的代工集團

下，於 1985 年設立自有品牌富士康（Foxconn），主要從事電子產品的製造與銷售。創業初期，鴻海只是一家位於臺灣北部土城鄉下的小小企業而已，名不見經傳，以生產黑白電視機的旋鈕起家，逐步跨入電子機械代工領域，再轉型為資訊科技產品的製造，而從「製造的鴻海」轉型為「科技的鴻海」，甚至還打算變身為「商貿的鴻海」。

在董事長郭台銘的領導下，鴻海目前已是全球 3C（電腦、通訊、消費性電子）代工服務領域的龍頭，並挺進美國《富比士雜誌》亞洲五十家最佳企業（Asian Fab 50）的排行榜中。在美國麻省理工學院及 IPIQ 的全球年度專利排行榜（MIT Technology Review）上，鴻海也位列全球前二十名，是唯一上榜的華人企業。如今，鴻海科技集團的全球版圖，已經橫跨亞洲、美洲及歐洲。相關資料顯示，鴻海的市值已

相當於全球十大競爭對手的市值總
和，成長與擴張的速度相當驚人。

很難想像，30年前的鴻海，資
本額僅30萬元臺幣，如今營業額卻接
近5兆，還持續在攀升之中，並穩坐
「代工之王」的寶座，且持續布局擴
充，往「科技之王」、「製造之王」的巔
峰邁進。許多人都知道，鴻海能夠取
得今天世界級大廠的地位，郭台銘的強
人領導風格乃是關鍵之一。這位爭霸全
球的科技巨擘，被譽為電子界的「成吉

郭台銘號稱電子業
的成吉思汗

思汗」，有一股積極剽悍、獨裁專權，且不可一世的草莽氣
概。他的領導風格是以作風強勢、重視紀律聞名，軍事化管
理則是正字標記。

在鴻海員工眼中，郭台銘更像君王般，他們口中所謂的
「郭皇帝」是一位一手執戰戟、一手執法律的霸氣元帥，擁
有「順我者昌，逆我者亡」的不可一世的氣勢。2001年10
月《天下雜誌》標竿企業聲望調查中，以霸氣、剛強著稱的
郭台銘，再度入圍前十大「企業家最佩服的企業家」之列。
對於公司治理與企業經營，郭台銘自有一套領導哲學，並激
勵他馳騁沙場、攻城掠地，打出一場又一場的漂亮戰役。然
而，譽之所至，謗亦隨之，強悍積極的郭台銘，雖然屢屢交
出亮麗的經營績效成績單，卻也惹出不少的風波與批評。

尤其是2010年上半年，鴻海旗下子公司富士康位於深圳
的龍華廠發生一系列員工跳樓的不幸事件。隨後，批評如排

山倒海而來，不但成為重大的社會新聞，而且舉世皆知。跳樓者都是中國籍的雇員，連續自殺的動機眾說紛紜，雖然有如羅生門，不過多位富士康員工表示，第一線員工的工作內容單調重複、加班壓力大，以及基層管理者總難免會對生產線作業員工咆哮責罵，再加上員工的抗壓能力不佳，可能是導致連續跳樓的主要原因。

富士康的龍華科技園區，可說是鴻海企業帝國的核心部門之一。這個生產基地四周均築有高牆隔離內外，42萬名員

工全都聚集在這個三平方公里的廠區，每天清晨六點多起床，準時八點上工，晚上七、八點下班。工作時間比一般標準工時長，因為如果不加班，就只能拿到政府

裝配線員工像齒輪般不斷運轉、重複工作

規定的900元最低工資，所以常常必須加班，以掙得更多的報酬。扣除吃飯、休息的時間，一天工作長達十幾個小時。對於每位超時工作加班的員工，富士康都會要求簽署一份自願加班的書面協議，來符合《勞動合同法》的規定。

這種超時加班的現象，在富士康十分平常，平均每月加班時數約在60至100小時。至於裝配線的工作，也相當枯燥乏味，作業人員每天都必須站在機臺前，或是檢查電腦主機箱盒有無瑕疵，一、兩秒鐘看一個；或是進行其他各種裝配工作，有如機械齒輪般地不斷重複；更必須聚精會神，不能

第 1 堂
第 2 堂
第 3 堂
第 4 堂
第 5 堂
第 6 堂
第 7 堂
第 8 堂
第 9 堂
第 10 堂

有任何閃失，以免影響生產品質、效率及效能。一旦產品不良率超過規定，整個部門就得扣績效獎金。因此，每位員工都承受著相當高的工作壓力。也因為常在廠內工作，因此，即便住同一宿舍一年，員工很可能彼此互不認識，或從來沒說過話，顯示社會互動十分有限。

實行軍事化管理的富士康，管理方法亦以高壓聞名，管理人員責罵抨擊員工的情事時有所聞，有些員工會因此而委曲哭泣，並對管理層產生敵意，甚至將這股不滿與怨氣轉嫁到

富士康以高壓管理聞名

公司。也就是說，富士康的軍事化管理，強調絕對服從與嚴格的紀律，採用軍隊集體帶兵的方法，視作業人員為生產工具，不但導致員工精神緊張，而且壓力也難以宣洩。在這種情形之下，「連環跳」當然不是富士康爭議事件的終點，2012年又爆發新的問題，全世界各地的富士康生產基地，發生多起員工暴動、群毆及罷工事件，範圍從南美的巴西廠一直到亞洲的中國各地廠區。種種事件，導致鴻海的軍事化勞工管理模式備受爭議，而且一般企業形象不佳，甚至被一些新聞媒體攻訐為「血汗工廠」。對於這些爭議，身為富士康最高領導人的郭台銘，顯然無法置身度外，並顯示出他軍令如山的管理風格，雖然為他創造了百億美元的身價，但也潛藏著各式各樣的危機。

最高領導人的強人領導風格

作風強勢、專權為公

　　極富個人魅力的郭台銘在下屬眼中很有威信,他以鐵腕管理鴻海,並主張:「民主缺乏效率,不如合理的專權治理有效。」他曾直言不諱地承認自己專權,還說是「專權為公,長官至上」,並強調:任何一個組織,需要的不是管理,而是領導;而領導者就必須要有專權為公的決斷勇氣。只要跟大家講為什麼要這麼做,講完了就得使命必達。他甚至信誓旦旦地說:「民主是最沒有效率的管理!民主是一種氣氛,讓大家都能溝通,但是在成長快速的企業裡並不需要,領袖應該帶有霸氣。」在2005年6月《天下雜誌》第324期的一篇專訪報導中,郭台銘對自己提倡的專權為公提出了說明:「做決策,是因為要爭取速度時效,所以要專權。可是專權所得到的利益是回饋到公司,股東可以分享,員工也可以分享。所以專權為公,有時候就算做錯決定,員工也會原諒,不會發生信心、信任動搖的問題。」

　　即使這種管理風格受到許多質疑,一些媒體甚至抨擊郭台銘是「壓榨員工」的「資本家」,但郭台銘依然不為所動,堅持「專權為公」的強勢領導,甚至笑稱自己每天「管理一百多萬隻動物」,這種玩笑的說法當然也讓外界不以為然。對於被批評為「血汗工廠」,他也霸氣回應「這有什麼不好?」,再三強調為了大眾利益,領導者就是必須要有充當獨裁者的決斷力。郭台銘的專權為公,其實是一種開明的專制,他仍然會給員工機會陳述理由來說服他,但若是無法說

服他或是讓他接納，就必須依照他的話去做。

　　有些鴻海人在接受雜誌採訪時，透露出在郭台銘董事長的專權治理下，績效掛帥，使命必達的企業文化根深柢固，所有員工都知道命令一旦下達，就不容質疑，更不用抗辯；做不好不用講任何理由，因為「成功的人找方法，失敗的人找理由。」作為一位領導人，為什麼專權、霸道的郭台銘仍有數十萬、甚至百萬名員工願意追隨？他究竟有什麼過人之處或獨到的魅力？一位在鴻海已經工作十多年的資深幹部就表示，跟著郭台銘，有一種打天下的感覺：「你願意選擇跟著一個懦弱不振、苟延殘喘的末代皇帝，還是寧願追隨一個企業版圖不斷擴張的雄才大汗？郭董事長兇是兇，但不會不講理，尤其是他會給你一個幾十億規模的做事機會。一個人做事如果沒有舞臺，也就不可能實現夢想。」對鴻海員工而言，每天辛苦工作最主要的動力，就是跟隨領導人追逐霸業的理想。雖然有人批評郭董事長行事霸道、言談霸氣，是十足的獨裁者，但全球華人競爭力基金會董事長石滋宜卻認為，郭台銘的霸氣強勢是因為擁有「自信」，對自己的觀點充滿信心，堅信自己做出的決策是最正確的，所以不達目標絕不放棄。

　　郭台銘的霸道，還有一個「公雞吠日」的故事。對要求加薪的員工，他說：「全世界的公雞每天早上都會起床啼叫一番，每隻公雞都以為太陽是自己給叫起床的，認為除了自己之外，別的公雞都沒有功勞；可是事實上就算沒有公雞啼叫，太陽還是一樣會每天升起。」郭台銘講這個故事的意思，就是希望讓這些要求加薪的員工瞭解，鴻海會成長並不是一個人的功

勞，而是大家合作的結果，也藉此告知員工想要加薪就得提升績效。郭台銘的獨裁專權，雖然頗受爭議，但這股強勢似乎並非冷酷無情（ruthless），而是嚴格嚴謹（rigorous）。

治軍嚴整、講求紀律

除了獨裁專權的印象深植人心，郭台銘也被外界形容是一位「驍勇善戰、紀律嚴明的軍事家」。嚴以律己，亦嚴以待人是他的一貫作風：他向來要求嚴屬，目標很高，而且絕不妥協，並深信「教不嚴、師之惰」的格言，認為「只有自家人，才會誠懇點出你的缺點。」他認為嚴屬才能教導員工更有效率，而且先有嚴師，才有高徒。每當郭台銘在講策略與重要事項時，只要有同仁不專心，就會被叫起來罰站；相對地，郭台銘自己也一樣是站著的。他這麼做的目的，是要

讓被罰站的同仁覺得不是被處罰，而是要讓他瞭解，在關鍵的時刻必須要很專注才行。因為只要有一個環節漏掉了，則對整個策略的執行影響就很大。

「工欲善其事，必先利其器」，嚴肅紀律優先

郭台銘的嚴屬，也展現在工作要求上。對於員工，他總是極盡所能地要求。若工作有需要，即使颱風天，郭台銘也會不顧一切，要求員工到公司開會。甚至更誇張地說，一般公司一天最多只能運作24小時，但鴻海卻能運作28小時，因

第1堂
第2堂
第3堂
第4堂
第5堂
第6堂
第7堂
第8堂
第9堂
第10堂

為藉著美國與臺灣的時差，鴻海硬是比別人多工作4小時。他更認為對工作要求嚴格，是為了強化企業中分辨是非與分別對錯的工作價值觀，要求每一位員工都要展現負責任的態度。他更要求責任歸屬必須清晰分明，只要簽字，就表示得負起責任，也必須全力負責。對不能負責、不能要求部屬即時做對的主管，他會毫不猶豫的解除職務。

講求目標與效率，重視軍事化的紀律與精準的執行力，是郭台銘的鮮明特色。他經常掛在嘴上的一句名言就是：「走出實驗室就沒有高科技，只有執行的紀律。」面對全球化競爭，郭台銘認為，「執行力」的貫徹是贏得勝利的重要關鍵。什麼是執行力？說穿了，就是一種紀律、一種決心。郭台銘治廠如治軍，重視紀律，講究細節；主持策略會議時，總是每個步驟來回演練，一個環節、一個環節去挑剔，要求每個細節都要弄得清清楚楚，以確保執行無誤。

他一手打造的兵團，展現的是快、狠、準的團隊精神，這是學習自成吉思汗的快速征戰模式而來的工作設計。他表示：「成吉思汗的取勝之道，是要求士兵行軍時不埋鍋造飯，而是連夜在馬背上趕路，餓了就抓起馬鞍旁的乾糧，渴了就喝皮囊裡的奶茶；一個人騎兩匹馬，一匹累了就換另外一匹，然後出其不意地出現在敵人的營帳面前！」將這種策略運用到企業經營上，就成了強調嚴謹、高效、快速，以及令必達的鴻海軍團。因此，郭台銘帶領的鴻海，就像一支執行他意志的軍隊，即使是擁有博士學位的研發人員，有時也得站上生產線努力拼搏。

總之，治軍嚴明的鴻海，像極了軍隊，一切按表操課，員工對於上級，尤其是郭台銘的指示，要絕對服從，是完全軍事化的管理方式。在鴻海的廠區，經常會傳來新人受訓時呼喊

「尿變黃沒有？不黃表示不夠努力！」

的口號聲。所有新進的基層員工，都要接受為期五天的基本訓練，內容甚至包括立正、稍息、踢正步及整隊行進。一位在軍校待過的鴻海幹部就表示：「鴻海的幹部會議，其實就像軍官團開會！」在會議中或是巡視中，郭台銘往往會隨時提問或要求主管口頭報告，要是沒辦法完整回答，就會遭受嚴厲訓斥，而且當場罰站、面壁思過也是常有的事。

郭台銘有句相當經典的話，就是喜歡問員工：「你的尿變黃了沒有？不黃，表示工作還不夠努力！」這句話背後有兩種涵義：其一是表示對員工的表現不滿意，要更多加把勁，也順道對其他人發出業績的警示；其二是透過這個不近人情的問題，來檢視對方是否逃避，或是咬緊牙關繼續拼鬥，藉此考驗員工有沒有責任心。這種作法最主要的目的，是想要瞭解員工遇到問題時，能否自己思考、自己尋找答案。如果連想都不想，只是被動等待指示，就表示不負責任。因此，想要持續待在鴻海，支領鴻海的薪水、股票，就得要有忍受被郭台銘痛罵、罰站的本事。

郭台銘領導的啓示

郭台銘治理鴻海軍團的方式，是透過軍事化的管理來提升工作效率與紀律，將執行力發揮到淋漓盡致。如此的軍事化管理，成功幫助鴻海迅速發展、不斷擴張，並維持驚人的競爭力。深入剖析郭台銘的領導作風，可以發現具有兩個鮮明的面向：「絕對專權」與「絕對紀律」。專權是指權力集中、令出必行、果斷決策；紀律則指要求嚴厲、目標極高、貫徹命令。可是，他雖然專權，卻不是獨斷獨行，而是心心念念為著公司，完全以鴻海大局為重的「專權為公」。他的獨裁專權，亦反映出他是一位絕對的權威，對於下達的命令、規範及要求，必須絕對服從，並且貫徹到底。所有的員工都得在他的號令下，朝此目標前進；只要說一，不容許有人說二；他說往西，不容許有人往南。

如果有人無法達成任務，無論職務多高，郭台銘馬上就會加以指責，或是罰站示眾。郭台銘也講求紀律，透過嚴格的規範，實行走動式指揮。整個鴻海就是一個大軍營，為了達到「臺灣第一、亞洲第一、世界第一」的目標，不論是假日、颱風天，還是三更半夜，鴻海軍團都必須隨時待命。對郭台銘而言，拼命是一種責任，而責任就是履行紀律；尤其是身處逆境時，更要努力奮鬥，接受挑戰與考驗。所以，要嚴格

鴻海全力追求「臺灣第一、亞洲第一、世界第一」的目標

要求，嚴厲才能磨練出好人才，嚴厲才能幫助成長。因此，綜合來說，郭台銘的領導風格，就是擁有不可挑戰的權威，以及不可違抗的紀律。

不過，優勢與劣勢往往只有一線之隔，郭台銘的鐵腕強勢也是毀譽參半，評價兩極。強勢領導的優勢，是速度、效率及服從所創造出來的企業利潤，劣勢則是高壓、緊繃及冷峻所產生的心理疏離。可是，郭台銘的傑出成就，單靠果斷決策、嚴厲要求就能獲致嗎？如果他缺乏雄才偉略、無法洞燭機先，如何能夠劍及履及，快速行動，讓鴻海成為世界級的企業？如果不是處於艱困環境、產業競爭激烈，他的專制、獨裁及強悍，能夠幫助他脫穎而出，逆勢成長嗎？其實，郭台銘的強勢作風，正好反映出深具華人文化特色的「威權領導」（authoritarian leadership）；他的領導效能，更突顯出在當今的社會中，威權領導不但依然占有一席之地，而且在一些條件的助長下，此種備受自由人士質疑的領導風格所創造出來的績效，竟然令人刮目相看。

什麼是威權領導？

在傳統華人社會中，男性是家族與國家的主要支配力量，具有絕對的權威與高度的權力。因而，領導者幾乎全數為男性，也發展出由父權與君權觀念轉移而來的威權領導。雖然儒家早期特別強調君臣是以義合，強調道統與君統並行的原則，因而才有「君不君，臣不臣；父不父，子不子」的想法，但在法家君尊臣卑的優勢影響下，逐漸式微，轉為尊

敬獨一無二的領導人，並有一套鞏固治理的辦法：「聖人之為國也：壹賞，壹刑，壹教。壹賞則兵無敵，壹刑則令行，壹教則下聽上。」透過賞罰分明、嚴肅紀律及統一目標，即可富國強兵，提升競爭力。對照鴻海帝國的作法，似乎有不少神似之處。既然領導人要能受到敬畏，則至少要有兩個層次的作法，就積極而言，領導人需要大權獨攬，不能大權旁落，否則必將傾覆，危及社稷；就消極而言，領導人是超越批評之上，即使有過失亦由下屬承擔，所以尊君則臣卑，常常使得下屬成為被貶抑的對象。在這種傳統思維的支配下，即使到了當代，威權領導仍然活潑生猛，並未成為歷史的灰燼。因為華人可能潛意識裡面，相信權力集中在上位者手裡是有效的現代化途徑。於是，君尊臣卑或父尊子卑的意識，在與當代的企業組織結合之後，就形成了企業領導人擁有最高的權力，而連帶支配了企業經營的法則。尤其是在企業所有權與經營權合一的狀況下，此一法家傳承下來的文化價值，更發揮了高深莫測的強大力量。

威權領導強調紀律與權威的絕對性，並要求部屬完全的服從，展現於外的行為，包含四個大類：（1）專權作風：領導者大權在握，掌握所有資源、資訊、獎懲及決策權，而且不會全面授權；不僅傾向自己做決定，而且也傾向進行上對下的單向溝通，並對部屬進行嚴密的控制；（2）貶抑部屬能力：領導者會有意漠視部屬的建議與貢獻；當工作目標達成時，領導者會認為是自己領導有方所致，而非部屬的貢獻；當工作失敗時，則會認為是部屬的能力不足或努力不夠，而非自己的問題；（3）形象整飭：領導者會維護自己的尊嚴，

表現出能力高超、信心十足的模樣，並會操控對自己有利的相關消息，刻意營造威嚴、不苟言笑、神聖不可侵犯的權威形象；（4）教誨行為：領導者特別強調績效的重要性，會對部屬有高績效要求，績效不好就直接加以斥責，教訓部屬改過遷善，但也會對部屬加以指導啟發，告知如何做才能即時有效完成任務。

在大部分的情境中，威權領導者往往將權力集中在自己身上，要求部屬聽命行事，並絕對服從其權威。當部屬不聽話時，如違背指示、態度不佳、或績效低落等等，就會受到嚴厲的訓斥，或是被狠狠地責備；且以憤怒而嚴肅的神情，表達對部屬的不滿，要求立刻改進。換句話說，威權領導者會非常堅定地要求部屬遵照辦理，沒有妥協的餘地，尤其是在指令下達之後，就必須依照領導者的要求完成任務，否則就需要有接受嚴厲指責的心理準備。由於威權領導衍生自華人傳統文化，在領導者與部屬的互動過程中，部屬往往被期待扮演較為被動或弱勢的角色。換言之，當領導者展現出專權作風、貶抑部屬能力、形象整飾及教誨行為，部屬會被期待表現順從、服從、敬畏及羞愧的相對反應。因而，威權領導若要發揮作用，部屬的依賴與順從便是關鍵所在。

威權領導的效果與情境條件

目前學術界已累積相當豐碩的研究，希望能瞭解威權領導的效用。這些研究結果指出，威權領導的效果有些紛歧與不一致，尤其是在對績效的作用上。舉例來說，學者起初認

為威權領導會引發正面的部屬反應，並對組織效能帶來正向提升作用，但是，實徵研究結果有些紛歧。有一些研究提供支持的證據，但有些研究則不然。在支持證據方面，以部屬反應而言，威權領導可以引發部屬的順從無違與感恩圖報；在部屬態度方面，則可以增強部屬的效忠主管態度與對組織的依附感。尤其是在運動場域，更能看到威權領導對團隊氛圍、團隊凝聚力及團隊價值（如奮鬥取向、團隊取向、奪標取向、服從取向及成員取向）所發揮的良好效果。

可是，也有不少的研究，卻提供了不支持的相反證據，指出威權領導對部屬認同與信任主管、工作滿意、工作敬業、工作績效，以及願意付出額外努力等表現，都可能會造成傷害；甚至在部屬的情緒反應與職場健康部分，更會帶來負面的效果。例如：面對威權領導，部屬會既畏懼主管的權威，又會對主管的打壓產生憤怒的敵意；同時，也會感受到極大的心理壓力，而產生焦慮、失眠、社交障礙及嚴重沮喪等身心疲憊的情形。顯示威權領導效果的研究結果紛歧，有正有負，表示可能有其他情境特性或威權內容不一的情形存在。首先，情境條件方面，可能威權領導在某些條件下效果良好，在另外的條件下則較差；其次，在內涵方面，威權領導可能含括不同的內容，而需進一步釐清。就前者而言，從第一堂介紹領導互動論的角度可以知道，威權領導與效能間的關係，可能會受限於情境條件的限制。因此，以下將分別從領導者特性、部屬特性及環境特性三方面，來說明威權領導的適用條件；接著，再討論威權領導所具有的不同面向，分析其意義，以及可能產生的效果。

領導者特性

威權領導的效果可能會隨著領導者特性而有差異。《左氏春秋》上說「一將無能,累死三軍」,闡述戰國時期,趙國將軍趙括的無能與紙上談兵,而使得趙軍全軍覆沒:「趙括既代廉頗,悉更約束,易置軍史。秦將白起聞之,縱奇兵,佯敗走,而絕其糧道,分斷其軍為二,士卒離心。四十餘日,軍餓,趙括出銳卒自搏戰,秦軍殺趙括。趙軍敗,數十萬之眾逐降秦,秦悉坑之。」此歷史故事發生在西元前262年,秦昭襄王與趙孝成王的軍隊在長平對峙,僵持不下。於是,秦軍使用反間計,放出風聲說:秦國害怕年輕力壯的趙括帶兵,至於帶兵的老將廉頗則不中用,很快就會投降。趙王信以為真,把趙括找來。趙括也大言不慚地表示:「秦國派出的王齕,他不過是廉頗的對手,要是換上我,打敗他如探囊取物,輕而易舉。」可是,藺相如卻力勸趙王勿用趙括,並對趙王說:「趙括只懂得讀他父親的兵書,不會臨陣應變,不能派他做大將。」趙括的母親也向趙王上了一道奏章,請求趙王別派她的兒子去。可是趙王聽不進勸告。果然,只知紙上談兵的趙括,毫無作戰能力,40萬趙軍就這樣命喪在無能的主帥手裡。這個故事的啟示是:領導者沒有能力,不但會連累群體,更會導致組織的死亡。

所以,領導者的能力會是主宰威權領導的重要因素。也就是說,一位能幹的威權領導者較容易被部屬所接受,並展現團隊績效;而無能的威權領導者則可能使得部屬無所適從,並導致績效低落。這項推論亦已獲得研究的證實,即缺乏管理才能的威權領導者,會嚴重傷害組織績效,包括營業

收入獲利率與營業收入成長率之客觀績效的降低；也會損及部屬的個人表現，並降低部屬對主管的效忠及組織公民行為——所謂公民組織行為是指員工出於個人意願所展現的自發性行為，這些行為並不在組織的獎勵制度規範內，也未標示在正式職務說明書中，但卻能促進組織效能的提升。

部屬特性

部屬特性也是情境條件之一：隨著全球化的浪潮，全球經濟高度競爭，當代組織的員工個人意識愈來愈高，也愈來愈會爭取自己的權益，因

領導者的能力是事業版圖擴張的要素之一

而，在傳統文化與現代化之間的拉扯下，所有的部屬不見得都能接受威權領導，或是具有高度的配合度。因此，除非部屬擁有願意順從主管與依賴權威的心態，否則威權領導可能難以發揮作用。針對這項論點，可以從遵從權威與部屬依賴兩項重要的部屬特性，來考量威權領導的效果。

遵從權威是華人傳統性的指標之一，是指個人對於儒家五倫或是人際倫理的認同程度。由於儒家倫理中的五倫，除了朋友的對等關係之外，君臣、父子、夫婦及兄弟都具有層級間的尊卑從屬關係，因此，可以作為遵從權威的測量項目。當部屬的遵從權威傳統性愈高，表示愈能接受傳統儒家

文化對於所屬角色、認知及行為的規範，尤其是「上尊下卑、長幼有序」的角色互動方式；也會同意上下之間的權力是不對等的，主管可以肆意發揮其影響力，而部屬則應該要順從、尊敬及信賴權威。研究結果顯示：只有具備高度遵從權威傳統性的部屬，在面對威權領導時，才會表現出順從無違的聽話反應。除此之外，威權領導對工作績效的損害，也只會發生在遵從權威傳統性低的部屬身上。

其次，部屬依賴也是條件之一，這是指部屬認為透過服從領導者，才能獲得必要的資源與支持，而形成的心理依賴。此種依賴又可以分為工作依賴與情感依賴，前者包含完成工作、績效酬賞等與物質資源有關的依賴；後者則是指在與主管互動的過程中，在乎主管評價、且尋求主管社會支持的依賴。不論是工作依賴或情感依賴，都具有合理化與強化主管展現威權領導的效果。因此，當部屬高度依賴領導者時，面對高度的威權領導，部屬不但會刻意抑制自己的想法與意見，以維持上下間的順暢互動，更會盡力完成主管指派的任務與工作要求。反之，當部屬的依賴程度低時，高度的威權領導容易引發上下間的衝突與不滿情緒。這項推論不僅獲得實徵研究的支持，而且還發現一個有趣的現象：部屬的依賴程度愈高，威權領導愈能引發部屬的懼怕反應，也會對領導者愈加敬畏。

環境特性

「環境愈艱難，愈能看出領導的可貴」，這句話對威權領導來說，是十分貼切的。威權領導的特色，是在部屬面前表

現出嚴肅的神情，要求部屬聽從其命令且不得違背；只要發現部屬沒有順服遵從，便會給予嚴厲的指責。此外，威權領導者也會與部屬保持權力差距，將權力集中在自己手裡。在穩定平和的環境之下，這樣的領導方式似乎較難獲得歡迎，對企業效能或員工福祉也可能幫助不大。可是，當環境變動快速，需要高度的效率與機動性時，威權領導就能發揮效果了。例如：有一個針對警察進行的研究即指出，雖然基層員警對威權領導頗不以為然，也不十分贊同，但是威權領導風格卻普遍存在於警界中。原因何在？原來是威權領導的作法十分符合治安環境的條件特性——由於警務體系經常需要在危急的情境下展現高度的機動性，因而，強調遵從權威、服從且聽從指揮、協調及控制的威權領導，特別有效。也就是說，在需要快速決策與即時反應的場合中，高度指導的威權領導有其必要性，也有較佳的效果。由此可知，在高度壓力與危機處理的情境下，威權領導會比較有效。

此外，由於組織的存續維繫高度仰賴環境資源的挹注，因而，企業也得選擇並發展出能夠配合環境需要的組織結構與管理策略。例如：在資源匱乏與競爭激烈的環境中，取得資源的競爭很大，稍一不慎，企業就會面臨生存危機。在這樣的環境中，企業需要集中決策與指揮系統，採取強力控制與協調的手段，要求全體成員遵從紀律與絕對服從，才能提升運作效率。反之，當環境資源充沛，用於研發與創新的能量源源不絕，就得採取分權的決策作法，並降低機械式的內部控制，使部屬擁有更大的自主性與彈性。因此，當經濟資源匱乏、競爭慘烈時，威權領導比較可能提升運作效率與高

度整合，進而確保企業的競爭優勢；同時，也唯有透過威權領導的集中決策、要求絕對的服從與紀律，以及毫無條件地遵循組織目標，才能讓組織各層級員工都專注在提升效率與節省成本上。相反地，當環境資源充裕，企業取得資源的條件良好，而能將資源投注在創新與擴張時，組織應該授權，賦予員工與團隊更多的彈性與自主，來激勵成員參與、實驗及創新。

上述論點，亦獲得研究的支持，證明在資源優渥的環境下，威權領導會損及企業四個月內的營業收入成長率；但在艱苦的環境下，威權領導則會提升企業四個月內的營業收入成長率。更有趣的是，當組織績效指標拉長為年度營業收入成長率的長期指標時，效果更為明顯。由此可見，經濟資源的充裕程度，會決定威權領導的效果。除此之外，亦有研究發現，當組織充滿著高度的創新氣候時，威權領導對創新績效的影響不但不是負面的，而且具有正面的效果，可提升創新績效。因而，組織的環境特性也是影響威權領導效果的重要關鍵之一。

威權領導的雙重內涵

除了從互動論的角度提出討論之外，威權領導的內涵也值得加以檢視。臺灣大學心理學系的工商心理學研究團隊指出，威權領導的效果之所以會不一致，可能是因為威權領導至少包含兩種不同的成分：一為操控部屬的「專權領導」，一為監控任務與要求績效的「尚嚴領導」。「專權領導」指的是領導者強調個人權威與對部屬的操控，並展現決策獨斷、要

求服從、訊息操控，以及掌握互動歷程等等的行為；「尚嚴領導」則是指領導者會嚴格監控部屬的任務與工作程序、要求高績效，以及維護組織規範，並展現任務監控、原則堅守及目標設定的行為，目的在於要求部屬展現優異的工作成果，嚴守紀律，以及對工作的敬業精神。

　　由於專權領導者通常擁有較大的權力掌控慾，為了維繫權力差距優勢，會嚴密控制重要的訊息，不把訊息透露給部屬，亦拒絕向部屬解釋採取某種行動的原因，使得部屬無法察覺到領導者的真正意圖。因此，相關研究指出，專權領導往往會帶來不利的結果，包括傷害部屬的自尊，降低部屬的工作意義感，並會提升部屬對主管的不

尚嚴領導強調績效第一與使命必達

信任、不願意效忠主管、對工作感到不滿意、不願意幫助同事，甚至績效表現低落。不僅如此，部屬更會感受到極大的壓力，並產生心理不適的症狀。可是，相對而言，尚嚴領導高的主管，則會提供工作指導，明訂工作目標；也會揭示清楚的工作流程，強調嚴明的紀律；闡明組織規章制度、核心價值及規範法令，以及組織的生產與策略目標等等，並要求部屬確實遵守、執行，並達成工作目標。因此，研究發現，尚嚴領導作風會產生良好的結果，包括創造部屬的工作意義、提升部屬的工作動機、促進工作滿意、願意效忠主管與幫助人，也對員工績效與組織效能的提升有所幫助。

威權領導的功與過

在鴻海帝國的案例中,曾經指出兩個值得討論的問題:第一,假使郭台銘不具有雄才遠略、無法洞燭機先,能夠帶領鴻海成為世界級的企業嗎?第二,如果鴻海不是處於產業競爭激烈的艱困環境中,郭台銘的獨裁與強悍,能夠幫助他脫穎而出,並使公司逆勢成長嗎?這兩個問題的答案,在本堂討論威權領導的適用條件時,已經呼之欲出。

首先,從「一將無能,累死三軍」紙上談兵的故事中,即指出如果郭台銘是一位懦弱無能的企業領導人,則其所展現的獨裁專斷勢必是一場災難,不但沒有今日的意氣風發,也絕對吸引不到追隨者。其次,鴻海是以高科技電子製造為本業,產業競爭相當激烈,毛利率低,屬於代工產業中的茅山道士(毛三到四的諧音,即毛利率只有3%到4%之間),完全仰賴龐大的生產線作業,要求速度與效率。由於郭台銘堅持做代工,不做品牌,快速因應上游市場所要求的產品規格與標準,講求效率與產能即是企業的核心使命。因此,權力集中、決策果斷、紀律嚴整,自然是做好成本管控、生產線流暢、徹底執行的標準作法。此一論證,在「環境特性」一節中,已有清楚的說明與解釋,反映鴻海領導者與企業之所以崛起的理由。

另外,鴻海的案例也可以發現其最高領導人具有兩個鮮明的領導面向,即「絕對專權」與「絕對紀律」,而這兩個面向又正好可以呼應威權領導內涵中的「專權領導」與「尚嚴領導」。因而,可以說明為什麼郭董事長的專權與強勢,可

以提升部屬與團隊效能，並為整個公司創造出一定的利潤；但在壓力之下，有些員工亦可能適應不良，且引發出員工的連環跳、反抗高壓的事件。雖然郭台銘的領導不是唯一的解釋，但似乎也有一些如絲似縷的關係。

總之，從郭台銘的領導案例，以及本堂對威權領導的討論中，也許可以獲得一些啟發：首先，威權領導像是一把雙面刃，可以帶來績效，也可以帶來反抗，需要搭配領導者特性、部屬特性及環境特性的條件，才能發揮良好的效果。其次，威權領導具有雙重內涵，在全球化的影響下，尚嚴應該比專權展現更好的效果。最後，不管是尚嚴或是專權，領導者的存心很重要，威權為公乃是重要因素，犧牲小我，乃是為了完成大我，否則只圖一己之利，必然會帶來災難。因而，法家傳統才強調領導人有四不：「不可以枉道於天、反道於地、覆道於社會，以及無道於黎元（百姓）。」這些考量，將是未來領導人選擇威權領導時，所必須特別留意的，需要切記在心！

課堂總結

在華人組織的領導風格中，威權領導是爭議最大的一種領導方式，它一方面可以獲得不錯的績效，一方面也會損及部屬的福祉。因此，必須謹慎為之，而且得配合領導者的才能、部屬的依賴與傳統性、環境的嚴酷程度，以及資源競爭等種種情境條件，方可發揮較佳的效果；同時，更重要的是領導者需要「威權為公」。

進階讀物

有關威權領導與文化因素的關係，或華人父權與君權傳統如何影響威權領導的滋生，可以參閱余英時（2001）：〈「君尊臣卑」下的君權與相權〉，《歷史與思想》，臺北聯經出版；或是Chu, T. S.（瞿同祖）（1961）：*Law and society in traditional China.* Paris: Mouton；中文譯本為：《中國法律與中國社會》，臺北里仁書局出版。

威權領導與法家哲學關係密切，法家的著作甚多，入門也許可以參考王邦雄（1993）：《韓非子的哲學》，臺北東大圖書公司出版。有關威權領導的實徵性研究論文可參見鄭伯壎（1995）：〈家長權威與領導行為之關係：一個臺灣民營企業主持人的個案研究〉，《中央研究院民族學研究所集刊》（臺北），79期，119-173；周婉茹、周麗芳、鄭伯壎、任金剛（2010）：〈專權與尚嚴之辨：再探威權領的內涵與恩威並濟的效果〉，《本土心理學研究》（臺北），34期，223-284頁；或是《本土心理學研究》（2008）之專刊〈威權領導與部屬情緒〉中的所有焦點論文。

第 6 堂
仁慈領導

EADER

仁慈領導

一億美元犒賞員工的企業

記憶體模組的放大檢視

　　金士頓科技（Kingston Technology）是一家記憶體模組的生產公司，總部位於美國加州，由出身於臺灣的華人所創辦，名列美國五百大私人企業的前七十名，是一家經營十分傑出的公司。1994年日本軟體銀行（Softbank）創辦人孫正義決定採取海外購併策略，擴大規模與市場占有率，而需要擁有穩定、充裕的現金流量，來遂行其購併策略，並提升公司業績。因此，看中擁有「印鈔機」之稱的金士頓科技，並提出豐厚的股權交換條件，打算買下金士頓八成的股份，這場交易總值高達15億美元（約合新臺幣410億元）。兩位金士頓創辦人杜紀川（John Tu）與孫大衛（David Sun）同意了這項交易，並於1996年的公司耶誕晚會上，宣布將與員工分享出售公司股權收益的1億美元，其中6千萬美元用於設立員工福利基金，另外4千萬美元則分發給520多位員工作為年終獎金，每位員工平均可分到美金7萬5千元（約合新臺幣2百萬元）。這項創舉轟動全球，立刻引起國際各大媒體的爭相報導，消息也從美國西部傳回臺灣，讓臺灣許多科技公司的員

工羨慕不已。

對於這股新聞熱潮，金士頓總裁杜紀川感到相當意外，並表示：「公司每季都會固定發放員工獎金，只是今年獎金的數額較高而已。」其實，

善待員工，成就大我

曾多次被評選為全美成長最快私人企業的金士頓科技，每季都會提撥稅前的5%的盈餘給員工分享，而且只要公司賺錢，就會再加發獎金。老闆甚至會帶員工到拉斯維加斯「郊遊」，在賭場中，抒解工作壓力，輸的都算是老闆的，贏了則算是員工的。出差完成工作任務之後，也喜歡帶著員工旅行，希望員工放鬆平日緊張的工作心情，將工作寓於娛樂。若員工想要開頂級跑車兜風，公司的接待櫃檯就掛著老闆法拉利跑車的鑰匙，開放給員工使用。金士頓總裁就是這樣善待與照顧員工，並以此聞名業界。在美國《財星》（Fortune）雜誌的調查中，金士頓更於1998至2002年間，連續五年入選「全美福利最佳百大企業」與「美國最佳任職公司」，而且是唯一入榜的華人企業。

金士頓向來對員工照顧有加，並以尊重員工的人性管理而出名，來自臺灣的華人總裁杜紀川與副總裁孫大衛，更多次蟬聯「最佳雇主」。他們對員工的好，讓許多美國同行都感

高分享的公司才有高敬業的員工

到尊敬與佩服。在「金士頓科技」這面打造近30年的金字招牌背後，是兩位創辦人的慈悲為懷，以重情意的特點、家人般的照顧，賦予公司人性化的家庭氛圍，並因而獲得員工的投桃報李，創造出向心力強、離職率極低的工作團隊。以美國同行業的公司為例，員工流動率大約12%，但金士頓的流動率卻不到3%。每位員工的產能極高，一年平均達100萬美元以上，至少創造出5萬美元的利潤。這兩位重視員工照顧，喜歡與員工分享的金士頓總裁與副總裁，究竟有什麼獨到的經營法則呢？

金士頓的誕生

金士頓的靈魂人物杜紀川與孫大衛被臺灣《遠見雜誌》

金士頓總裁杜紀川是貓王的粉絲

比喻為「秀才配大俠」。戴著金屬無框眼鏡、外表斯文優雅、散發著濃厚書生氣息的杜紀川是文人秀才；外表有些粗獷、性格豪爽、聲音宏亮、皮膚被曬成健康褐色的孫大衛則是豪氣俠客。兩人的成長背景與人生際遇，造就他們以儒家之慈愛精神治理企業：「以人為本」，從「利他」的道義出發，尊重員工的價值，並待人如

己。這樣的經營理念與領導風格，可以從他們的個人特性與成長背景來加以討論。

　　總裁杜紀川小時候，曾是個令父母頭痛的孩子。在臺灣念師大附中時，他因為迷上貓王而瘋狂追求音樂，還與同學合組熱門音樂樂團，經常蹺課玩音樂、彈吉他，因此荒廢課業而遭到退學處分。父親一氣之下，把他送到德國念書，並在親戚經營的中餐館打工洗餐盤，飽受客人的冷嘲熱諷，深刻體會人情的冷暖。他在德國念了七年的大學，畢業後好不容易找到工作，卻受到德國同事的歧視，認為他搶了當地人的飯碗，而對他百般排擠。最後，只好離開德國轉往美國尋找夢想，落腳美西的加州做起房地產仲介。

籃球運動促使金士頓的靈魂人物結緣

　　工作之餘，熱衷於籃球運動的杜紀川，每個週末都會在社區的籃球場打球，而讓他遇見了一生的摯友，也是合作數十年的創業夥伴孫大衛。孫大衛從小在臺灣的眷村長大，融合五湖四海各地文化的眷村環境，孕育出一股大家彼此互相幫忙、互相依靠的包容與互助氣息，因而養成孫大衛豪爽與樂於助人的個性，喜歡到處行俠仗義。年輕時，他曾入選亞青盃籃球國手，大同工學院畢業後即赴美國工作，但仍延續打籃球的習慣。因緣際會下，在加州的球場上認識了杜紀川，開啟了兩人的事業合作關係。

　　他們的首次創業是這樣開始的：在切磋球技之餘，出身工程師的孫大衛時常談論公司業務，並向杜紀川表示，他參與設計的一塊電腦主機板成本只有200美元，但市場售價卻高達2,000美元，而且需求量很大，根本不愁銷售，獲利驚人。當時從事房地產銷售的杜紀川，立刻發現了商機，並提議：「不如我們也來做這門生意，由你來設計主機板，我來負責銷售。」在這樣一個簡單的想法下，兩人一拍即合，決定同時辭職，並在杜紀川家裡的車庫創辦了專門做伺服器記憶體的公司。很幸運地，因為搭上了美國電腦產業快速發展的黃金列車，業務蒸蒸日上，兩年內，公司業務就發展到了一定的規模，而且小有盈利。

　　有一家電腦公司看上他們的企業前景不錯，提出了收購要求。兩個人覺得條件優渥，就將公司賣給這家企業，並各自獲得300多萬美元的收益。既然已有賺錢，不愁吃穿，於是將賺來的錢全數交給股票經紀人去做投資。心想從此可以高枕無憂，過著清閒的日子。沒想到人算不如天算，竟然遇到美國股市突然崩盤，一日之內賠光所有資產，還欠下了100多萬美元的債務。頓失生計的兩個人，經過一番沉思之後，不相信命運之神會再如此玩弄他們，決定重新回到初次創業時的杜家車庫，以熟悉的記憶體製造與銷售重起爐灶，並將新公司取名「金士頓科技」。起步階段雖然因為缺乏資金而步履沉重，跟跟蹌蹌，但兩位再創業的中年人卻秉持著家庭化的管理模式，圖謀東山再起。皇天也不負苦心人，終於打造出臺灣人在加州的頂尖企業。

企業主持人的領導風格

金士頓的兩位創業夥伴，因為曾經走過大起大落的坎坷路，也曾身無分文，因而對人性與世事有更多的理解，也學會不再為錢做事，因為錢來得快，去得也快。於是採取步步為營、穩紮穩打的策略，善待員工與客戶，以建立長期性的關係。除此之外，金士頓所塑造的講究人情、照顧員工的文化，也與兩位總裁的出身背景不無關係。

首先，杜紀川曾經在德國待了九年，深深體會低階員工的辛苦與感受。他在德國念電機工程學位期間，依規定要到工廠實習兩年，從最基層的生產線學徒做起。回想起那段日子讓他學到很多事情：「在工廠的時候，別人根本不在乎你，尤其是你做的是最底層的工作，旁邊的人也想欺負你，占你便宜。在這種狀況之下，他有了這樣的想法：如果上司對下屬好一點，則身為學徒的我，感受會好很多。」因為有這一段刻骨銘心的經驗，他特別重視照顧員工。相對於一般公司所設定的效率、效益及利潤極大化的目標，他更著重儒家的人我關係，並以仁愛之心對待員工，將員工視為公司最寶貴的資產。

其次，金士頓剛成立的頭兩年，杜紀川常為了營運資金與訂單，而到處奔波，可是，在伸手借錢時往往會碰到釘子。在創業過程中，的確是嚐盡人情冷暖。所以，等有一些成就時，當聽到員工有好點子、想要創業時，他不但不會阻止，反而會提供資金給員工創業。這些經驗都使得兩位創辦人深具同理心，急公好義，想把員工照顧妥善，而他們的慷慨與情義，也都反映在領導風格上。

　　除此之外，家教也是原因之一。杜紀川的母親從小居住在窮困的天津小村莊，三餐不繼是家常便飯，經常會以過來人的經驗告訴他：「做人不要錦上添花，但千萬要雪中送炭。」這樣的耳提面命，加上自己所遇到的人生波折，使得他覺得把員工當家人是理所當然的；而且衡量員工的貢獻，不能單以業績為主，而是要看他是否已經盡力而為；與他一拍即合的孫大衛，也有類似的看法。如果一個業務員已經很努力，但業績卻無法百分之百達標，或是少做100萬美元，他們不會加以處罰，因為他們已經盡力了。對公司而言，員工很認真，但是工作做不好，可能是因為工作安置錯誤，而需要轉調其他職務。

　　兩位創辦人認為員工是公司一員，是很重要的資產。公司需要先照顧員工，員工才能無後顧之憂，推動企業往前邁進。也就是說，要先把員工照顧好，員工才會願意效忠公司，全力以赴，把工作做好。而且，這麼做還可以激勵員工自動自發，減少查核與指正的工夫，也不需要時時刻刻擔心工作出錯，更不會生氣或心情不好，等於也照顧到自己的身

員工是公司最重要的資產

心健康。何況，得到的回報總是更多。金士頓副總裁孫大衛在接受《經理人月刊》訪問時，就以自己為例，娓娓道出他與杜紀川如何融合儒家的仁愛精神，採取以人

為本的經營哲學，用照顧家人的心善待員工。以下是幾則可以佐證的小故事：

曾經有一位員工上班才一個月，就碰到小孩生病，需要請假照顧小孩，但是很擔心沒有事假可以申請；孫大衛知道後就准了她的假，而且不扣錢。他認為員工來公司上班，就是要心無旁騖，效率才會高，如果坐在位子上一直擔心小孩在家沒人照顧，萬一螢幕上按錯一個數字，損失豈不是更大？不如讓她安心回家去把小孩照顧好。

另外，還有一位人事部員工的母親得癌症，在獲得公司的同意下，到醫院照顧母親。結果竟然長達六個月沒來上班，但是，孫大衛還是照樣付薪水。對孫大衛來說，員工先前在公司認真工作，已經做出很大的貢獻。現在家人有事，公司自然應該儘量幫忙。他像俠客一般的助人精神，就連離職員工也受到恩惠。有一天，有個離職員工的丈夫因為肚子痛緊急送醫急診，後來開刀後發現長了腫瘤，沒多久就過世了。當時，那名離職員工馬上面臨家計問題，因為頓失經濟收入來源。孫大衛知道以後，就幫助她償付貸款，減輕經濟負擔。

在金士頓成立第四年時，也有一位墨西哥裔的作業員因為家人生病，私下來找孫大衛借200元美金。他二話不說，馬上就給錢。甚至還去人事室打

聽，發現作業員的收入微薄，難以負擔家人的醫療
保險，於是便決定公司的生產線作業員一律比照白
領員工，享有公司負擔的醫療保險；而且擴及員工
家人，他們的保費也全數由公司支付。為什麼如此
慷慨解囊？因為他覺得員工如果不是走投無路，怎
麼會來向老闆借錢，而且與其讓員工一天到晚擔心
這些事而影響工作效率，不如為他們打點好一切，
免除後顧之憂，可以安心上班。

除了給予急難救助之外，杜紀川與孫大衛兩位領導人
也會適時提供教育與進修的協助。他們認為大學教育相當重
要，因此對於只有高中學歷的生產線作業員，只要提出就讀
夜間大學的要求，不管是什麼學科，公司都全額付費。如果
是工作相關的研究所碩士學程，也會盡可能給予補助。華人
儒家傳統的「人之初，性本善」與「己立立人，己達達人」
的價值，在兩位創辦人身上完全顯露無遺。他們把員工當家
人，照顧得無微不至；每天都在生產線與辦公室裡走動，問
候、關心員工或是閒話家常；看到女性員工桌上有花，就問
她是不是有男朋友，看到家人合照就問小孩多大了。

他們對員工無私的付出與關心，在這些小故事中流傳
著，令人動容感佩。從杜紀川與孫大衛的領導風格中，可以
看到強烈的人本色彩，而對員工的溫情，以及家人般的照
顧，正好反映出華人領導者特有的一種作為與風範，即「仁
慈領導」（benevolent leadership）。

什麼是仁慈領導？

受到儒家思想的薰陶，孔子倡導的「仁」成為華人相當看重的內在原則，而仁有慈愛的意思，強調上位者對下位者的關懷與照顧。「仁」與人性本質、人際關係及人性治

照顧部屬是仁慈領導者的職責

理有關。孔子在《論語》中指出「仁」即是「愛人」，也是五常「仁、義、禮、智、信」中的一項。從領導角度來看，孔子思想加上孟子的「性善說」，充分說明了對他人產生體諒憐憫之情，是人與生俱來的良知良能，也強調人的行動具有利他、善盡社會義務與責任的本性。這種性善論是培養修身、領導他人，以及形成仁慈管理系統的根本。因此，對許多華人領導者來說，照顧部屬是一種責無旁貸的義務，具有溫情、不鄙吝的特色，除了重視與部屬的工作關係外，亦十分關心部屬的私人生活，包括交友、擇偶、健康及生活上的噓寒問暖。還有對部屬的急難，會及時伸出援手，而非坐視不管；對資深部屬的照顧，也不因其表現不如過去而稍有減少。也就是說，華人領導者會對部屬展現家長般的關愛與體諒、對部屬的需求或觀點敏感；也會愛屋及烏，由工作的支持導向擴及到個人之生活層面的照顧，甚至會擴張至對其員工家人的照顧。

從人際互惠的角度來看，這種關懷部屬的行為可以稱之為「施恩」，部屬則會表現出互惠式的「感恩圖報」，努力在工作崗位上表現，以回報領導者的恩情，所以彼此之間具有一種恩義結合的特性。因而，上下之間容易形成較為長期的人際關係。在這種企業中，主管甚至可能會對一個因為私人原因失業或導致財務困窘的舊部屬，慷慨解囊、及時伸出援手，藉以表示對過去付出的延伸照顧。針對這樣獨特的領導風格，可以用「仁慈領導」的概念來加以描繪，並可界定為：「領導者對部屬個人的福祉做個別、全面而長久的關懷。」表現的行為包括將部屬視為家人、保障工作、急難幫助、全方位照顧、栽培提攜、預留餘地、避免羞辱等等。乍看之下，仁慈領導者的慈愛似乎較常表現在生活的照顧上，但在個人與工作成長上，亦會給予諮詢指導，而非一味地溺愛部屬而不加以教育，反而會提供各種機會，促使部屬向上成長。因此，仁慈領導者除了給予部屬一般生活的照顧之外，也注重對部屬工作方面的實質支持，並會提供工作上的成長與職涯發展機會，培育部屬成為棟樑之材。

為什麼領導者會對部屬如此關懷與慈愛呢？這可能是淵源於華人傳統的儒家倫理，這種倫理規範的是一種對偶的相互關係，所謂父慈子孝，君義臣忠：父慈，子女感恩，而能盡孝；子孝，父親受了感動，滿心歡喜，就會慈上加慈；君義，臣才會盡忠：君王能善盡照顧臣下的責任，則臣下就會以盡忠來回報，於是形成一種良性的循環。這種倫理應用到僱傭關係上時，就形成東家與掌櫃、雇主與長工之類的仁慈與忠誠的互惠關係。以雇主與長工的關係而言，在早期的農

業社會裡，由於生活的壓迫，貧困家庭的孩童從小就被父母送去有田產的地主家當長工，幫助耕種、施肥、收割、放牛等等諸項農事，除了家裡有婚喪喜慶之外，長工幾乎很少回家。這些擔任長工的孩童，因為長期住在地主家，久而久之便容易與地主及其家人滋長出親密的情感；長工謹守著自己的本分，克勤克儉，甚至視地主為自己的長輩或父兄；地主則照顧長工的生活，視之為自己的晚輩或子女，而有一種準大家庭的成員情感關係。

雖然，當今社會的工業化程度已經相當高，老闆與員工的關係也不見得是地主與長工關係的放大，但在某種程度上，這種相互間的關係，以及其中的互惠或情感本質，卻可能還有所保留。另外一種可能的解釋是：當部屬與老闆相處一段時間後，彼此關係即由陌生人演變為熟人，對熟人要講人情、能通融、互相信任，而非像不相識的陌生人一樣講求利害關係。因此，給予必要的照顧也是應該的。由此可知，這樣的領導風格深具華人文化意涵，但並非如同西方領導所討論的「體恤」（consideration）或「支持領導」（supportive leadership）般，僅限於工作層面上的滿意與福祉。

所謂體恤，是指領導者表現友善與支持部屬的程度，表示對部屬的關懷、重視部屬的福祉；而支持則是指領導者會接受與關心部屬的需要與感受。看起來，或許會覺得「體恤」與「支持」這兩種領導行為與「施恩」有些類似，但其實是有明顯差別的。第一，施恩所涵蓋的範圍較廣，並不僅限於工作上的寬大為懷，也會擴及部屬私人生活的問題，或是對其家人的照顧。此外，除了在組織內的職涯規劃之外，

更具有長期生涯規劃的支持與協助。這些內涵包括：幫助部屬處理家庭與個人的問題、給予緊急急難時的救助、對交友與婚姻提供諮詢，以及婚喪喜慶的關懷與慰問等等。扼要來說，施恩的範圍較廣，也經常表現在生活的照顧上。

第二，施恩是長期取向的。領導者可能會持續地僱用一些年老而忠誠的員工，並給予他們無微不至的照顧，即使他們因為年紀大了，表現比以前遜色。第三，施恩也會表現在寬容與保護的行為中。例如：當部屬發生重大的失誤時，領導者一方面會為了保護部屬，避免直接訴之法律，對簿公堂；或是給予公開指責、當面揭發；或是採取完全不顧情面的處置；而會為部屬保存做人需要的顏面；另一方面則會諄諄告誡，以避免部屬陷入嚴重的工作危機。第四，體恤通常表現在對部屬平等對待與上下平權的環境脈絡下，施恩則展現在上下間具有權威差距的狀況下，領導者與部屬間的上下關係與義務或本分是很明確的。更具體一點來說，體恤行為中的主要內容，例如：對待部屬一視同仁、願意接納部屬的建議、諮詢部屬的意見等等，都不屬於施恩的仁慈領導行為。換言之，施恩有相當大的情感成分，而不能完全從工作理性與工作角度來解釋。

從上述的討論中，亦可以發現，仁慈領導的施恩行為，可以概括為對部屬「工作面向」，以及「非工作面向」或「生活面向」的個別照顧。其中，工作面向的「提攜教育」，內容包括領導者會容許部屬犯錯，並給予改過的機會，避免公開指責部屬，給予適當的教育與輔導，並關懷部屬的職涯規劃；非工作之生活面向的「噓寒問暖」，內容涵

蓋領導者會視部屬為家庭成員，當部屬遇到生活上的難題時給予協助，亦關懷部屬私人的生活與起居。在瞭解了仁慈領導的概念之後，可以進一步來討論什麼因素會影響領導者展現仁慈領導行為？仁慈領導又會對部屬的態度與行為發揮什麼效果？這些效果又會受到什麼因素的影響，而產生變化？

仁慈領導的前因與效果

目前的實徵研究顯示，至少有兩種因素影響領導者展現仁慈領導的行為，其一為領導者遵從權威取向，其二為知覺部屬效忠。由於仁慈領導深具華人文化傳統特色，受儒家人際倫理影響很深，因此，領導者對自身權威的信念愈強，便會對部屬展現愈多的照顧行為。其中，仁慈領導者所常展現的生活照顧部分，屬於領導者工作規範之外的額外付出，這種付出並非是企業組織的要求，而是傳統文化價值對領導者的角色期待而產生的獨特內容。因此，如果領導者遵從權威取向的程度愈高，愈會認同位居上位者的權威角色，而會覺得自己有義務對下位者提供較多的照顧，表現出噓寒問暖、關懷體諒、急難救助等等的照顧行為。

此外，華人社會相當強調角色規範的重要性，下位者除了在心理上依附權威者外，也必須表現出奉獻、服從及配合，以符合下屬之角色義務的期待。當仁慈領導者不論是在工作分配、賞罰、晉升抑或生活關懷上，都給予部屬支持與照顧時，部屬就得投桃報李，主動配合領導者的要求，犧牲奉獻，以完成任務，並回報領導者的仁慈；於是，領導者又

表現出更為寬大、體諒，給予較多資源與獎勵的照顧行為，而形成共存共榮的生命共同體感受。

更具體來說，受到領導者的照顧，部屬會產生兩種反應：其一為感恩（indebtedness），包含了緬懷恩情與感念領導者，屬於認知與情感層面；其二為圖報（reciprocity），包含了犧牲小我、表現敬業、符合期望，以及勤奮工作，較屬於行為的表現層面。在儒家思想與華人社會的規範下，雖然感恩與報恩是屬於一種攸關道德的必要行為，可是「報」與「恩」的形式與內容不一定對等；而且回報會以施恩者的需求與利益為主要考量，而非著重公平或即時，因此回報者會盡力而為，以符合「受人點滴之恩，當以湧泉以報」的原則。換言之，當領導者表現仁慈，部屬會努力提升工作表現作為回報；也可能對於這種施恩「回報」更多的、直接且針對主管個人的忠誠，在情感上會將仁慈領導者視為「大家長」般地尊敬有加，且言聽計從。

由於「報」的核心意義就是「互惠」，在互惠法則的運作下，華人社會中的個人對他人施予援手或人情，通常也會被認為是一種「社會投資」（social investment），將來必能獲得某種形式的回報，因為依照人際倫理的法則，他人也有回報施恩者的義務。也因為施恩人與受恩者都有「報」的觀念，使得上位者會照顧下位者，下位者則會對上位者的仁慈覺得有所虧欠而產生感激之心，並願意在適當的時機做出回報，這種回報也會強化下位者對上位者的絕對忠誠與完全服從。

總之，仁慈領導者的體諒寬容與全面關懷，會讓部屬因為獲得較周全的照顧與較多的支持，而滋長出感恩圖報的態

度與行為。這種感恩圖報的例子，在華人企業組織的確不勝枚舉，尤其是當部屬因經濟不佳、生活困頓時，如果老闆適時伸出援手，更會讓對方覺得老闆對自己有恩；或是組織成員因個人理由而走投無路時，老闆的收留也會讓部屬感到雪中送炭的溫暖。這類部屬日後待在公司，無不兢兢業業、全力以赴，以答謝老闆鼎力相助的恩情。即使在面臨不景氣或公司遭遇危機的時刻，這些部屬仍會願意留在公司、同甘共苦；甚至在領導者有難時，會代老闆受過代罰，做代罪羔羊，甚至銀鐺入獄，亦在所不惜。

　　看起來，部屬的感恩圖報似乎在許多方面產生了實質的效益。在不少案例研究中，都提供了證據。首先，當領導者展現出較多的照顧行為時，部屬會更努力提

代人受過也是一種感恩圖報的方式

高績效表現，透過更努力工作，來報答領導者的恩惠。尤其是領導者針對部屬工作需求所給予的個別教育與輔導，更有助於部屬完成分內或組織所規定的工作任務。

　　其次，領導者的仁慈通常會獲得部屬的效忠。由於在現代華人企業組織中，員工忠誠不僅是一項重要的態度要求，更是組織管理者所重視的關鍵表現。也就是說，當回報的關係在職場中運作時，基於相互的義務，當領導者對部屬表現出關懷與保護，部屬通常會回報以忠誠。就具體層面而言，

部屬更願意忠於職守，認真做事，並善盡個人本分，或以更大的「人情」來回報。這種互惠式人情，是以領導者與部屬間的情感性關係作為基礎，而讓部屬願意在適當的時機做出回報，例如：由衷的感謝、絕對的忠誠及完全的服從。在部屬對主管忠誠的具體表現上，包含心理層次上的依附狀態，即認同主管與內化主管的價值觀，以及行為層面，如願意協助主管、配合主管、提供主管所需資源，甚至為主管犧牲個人利益等等。

第三，當領導者不只在工作上給予支持與協助，並會關懷部屬的私人生活，尤其是非工作層面的照顧時，部屬更會回報以非工作層面的忠誠。也就是說，當領導者所展現的行為是超出領導者應有之教導責任的角色規範，而且需要付出額外心力時，部屬基於感恩答謝之情，會更願意表現出不在工作規範內的自發性與主動創新行為，或是非工作分內、幫助組織或是同仁的「組織公民行為」。

目前，也有許多調查研究的實徵證據支持上述發現，這些研究指出：仁慈領導者會讓部屬滋生出感恩圖報的態度，有利於上下關係品質的促進；也會使部屬感受到工作幸福感，甚至會因為對領導者的信任，而對組織展現忠誠，並願意主動提出有利於公司的建言，也比較會繼續留駐在組織當中。此外，因為感念領導者的恩情與照顧，部屬也會努力工作來符合領導者的期望，展現更好的工作績效，並願意主動配合領導者，在業務上輔佐領導者，且願意犧牲小我，展現出更高的主管忠誠，或是愛屋及烏，擴大為幫助同事、保護組織，以提升組織公民行為。另外，還有一項有趣的發現：

當部屬將領導者的施恩視為對個人價值的看重與肯定時，會有助於強化領導者與部屬間的人際信任，進而帶動部屬的創造力表現。同時，部屬在備受照顧的狀況下，也會感受到一種內

全面照顧部屬可以獲得忠誠的回報

在的心理安全感，而能夠展現出更多的創意與創新。

仁慈領導與情境條件

　　誠如第一章所言的，許多領導研究者都強調：沒有任何一種領導型態，可以應用在相同文化脈絡下的所有情境。因此，從互動論的角度來看，仁慈領導的效果，也可能因為情境脈絡的不同而有所差異，在有些情境下，效果更好，有些則較差。以部屬平均年齡為例，一項關於不同世代之社會文化傳統價值的研究指出，年齡可能反映出世代差異與現代化程度的不同。考量到在全球化與現代化的衝擊下，華人傳統思想正在持續不斷地蛻變，當代華人也不再毫無保留的接受傳統思想，因此不同年齡層的部屬，對於華人傳統順從權威的價值必然有所差異。也就是說，傳統價值在年齡高的部屬身上會較強烈；但對年輕一輩的部屬而言，則可能已經降低。因此，年齡高的部屬面對仁慈領導者的照顧，較容易產生虧欠的感覺，而有較強烈的回報動機；但是，對於受到西

化與全球化的年輕部屬而言,則會較偏好平等主義或個人主義,而較不容易產生類似的感受。研究結果也大致符合此項推論,在一項綜合83篇實徵調查的研究報告即指出,仁慈領導者的督導對象如果是高年齡層的部屬,則其滿意度評價較高;反之,年輕者則較低。

主管才能也是另一項情境條件,由於儒家傳統強調在造福百姓的前提之下,當政者必須具有治國的才略。〈禮運・大同篇〉中強調:「大道之行也,天下為公,選賢與能,講信修睦」,即明示上位者要具備「賢」與「能」的要件。所謂「賢」就是有智慧、具宏觀視野、有願景;「能」則是指能力與經驗,能夠把願景轉換為政策,並能落實以提升民眾福祉,讓百姓們具體受惠。因此,領導者的才能也是十分重要的。就當代社會而言,隨著市場的開放、自由競爭的理念抬頭,以及組織理性運作模式的要求,專業化的管理才能也成為重要的經營要素。因此,對當代組織的領導人而言,必須能夠運用管理才能與經驗來解決問題,以謀求個人、群體及組織的最大效用與利益,並在經濟市場中保有競爭力。也唯有如此,才能使組織屹立不搖,且確保員工的福祉。因此,領導者對部屬的關懷照顧所能激發的效果,可能會被主管的管理能力與豐富的工作經驗所取代;只有在部屬感受不到主管的管理能力與經驗優勢時,仁慈領導行為的效果才會變得重要;反之,領導者的才能很高時,仁慈領導的效果可能就會被取代而下降了。這樣的論點,在一項於臺灣民營企業的調查中,也獲得了證實。

接著,仁慈領導的效果也得視部屬的依賴程度而定。

在上下權力差距大、強調對偶角色義務（即五倫的上下關係）的華人社會中，上下間的角色義務是不對等的，其中的理由之一是因為下位者處於弱勢，常需依賴上位者來取得必要的生活資源。因而，即使上位者未表現出符合角色規範的要求，下位者仍應該善盡自己的角色責任。所以，在三綱中，即使面對的是未盡到本分或義務的君王、父親及丈夫，臣下、子女及妻子都仍應善盡角色的責任與義務。因此，仁慈領導的效果可能會取決於部屬對主管的依賴。對高度依賴領導者以獲得必要資源與支持的部屬而言，仁慈領導的效果較小。亦即，根據華人的下位者角色規範，不論領導者是否展現出對部屬的關懷照顧，部屬都應該會表現角色義務所要求的忠誠與績效。反之，對依賴程度較低的部屬來說，其與領導者間的互動就較為偏向對等交換的規範，因此，仁慈領導便能獲得對等的回報；也就是說，領導者的關愛與照顧行為，會取得部屬對等的忠誠與績效。此項論點，亦獲得了研究證據的有力支持。

　　最後，在一篇仁慈領導如何影響部屬創造力的論文中，亦發現工作自主性也是重要情境因素。工作自主性是指個人在工作中所享有的自主性，包括對工作方法、進度及結果之決策的自由程度。通常，擁有高度工作自主性的員工，較願意承擔風險、展現不同的思維，或是主動解決問題。當工作自主性高時，採用仁慈領導的領導者會創造出一種舒適、信任及接納的心理環境，使得部屬擁有較高的心理安全感，而可以放心且大膽地致力於具有創造力的活動，因此可以提升創造績效。反之，當工作自主性低時，部屬會傾向以傳統觀

點來解讀仁慈領導，並基於感恩圖報的心理，展現較多的服從與忠誠，而不利於創造活動。因此，對創新而言，仁慈領導的效果要看工作自主性的程度而定。

仁慈領導的理論與實際

從金士頓的案例中可以瞭解，金士頓向來以家庭化與人性化的管理來經營企業，兩位創辦人的領導風格散發著鮮明的「善待員工」與「人本管理」的特點，尤其對員工的照顧不但全面，而且無微不至；不僅展現在工作面的教育輔導與全力支持，亦展現在非工作面的員工私人生活方面。這種以人為先的仁慈領導與溫情主義，顛覆了家庭化氛圍不利於管理的西方思維。金士頓以儒家傳統的仁愛精神，耕耘異文化下的美國大西部，仍然十分成功。他們的領導風格，正是一種仁慈領導的典型表現，領導者如家長般地關愛類似子女的員工。他們企業經營的績效，也為仁慈領導的一系列學術研究，提供了最佳的實踐佐證：在仁慈領導者的帶領下，組織擁有承諾度極高的員工（離職率極低，許多資深員工都偏愛留在公司）、漂亮的營收數字（獲得全美成長最快速的5000大私人企業營收排行第六名，以及2014年全球記憶體模組廠市占率排名第一），以及創新科技的領航人（獲頒資訊月百大創新產品獎殊榮）。

金士頓的成就，也提供了一些學術與實務上的啟發。由於領導者的仁慈在付諸實行時，可能會牴觸一些現代化的社會價值，包括公平、均等、經濟理性及尊重隱私權等等。

例如：在分配資源時，仁慈領導隱含著領導者會依照部屬的個別需要進行分配，而可能與公平法則不符；領導者對一個資深、忠誠員工的保護，也可能與現行企業的論功行賞或精簡用人等市場工具理性相違背；另外，領導者對部屬私生活的關心，也可能使員工個人感到隱私權受到侵犯。在強調公平主義與個人隱私的美國社會，這些潛在衝突可能更加明顯。可是，金士頓的案例顯然不是這樣，根據其創業至今的成績，以及員工的向心力來看，這種衝突似乎是不存在的。針對這項矛盾，究竟真正的原因何在，仍然值得進一步的深究，也許慈悲為懷、與人為善的價值是具普世意義的，放諸四海皆準吧！

課堂總結

領導者慈悲為懷，視照顧部屬為一種責無旁貸的義務，是仁慈領導者的本質。這種領導者除了重視與部屬的工作關係外，亦關懷部屬的日常生活，給予急難救助，甚至會擴及對部屬家人的幫助。對於領導者的施恩照顧，部屬會表現出互惠式的感恩圖報或效忠，而與西方常見之支持或體恤領導是不同的，並展現出權力距離與華人傳統價值的特色。

進階讀物

　　有關仁慈與報恩的華人文化傳統價值來源，可參閱
Yang, L.S.（楊聯陞）（1957）. The concept of pao as a basis
for social relations in China. In J.K. Fairbank（費正清）（Ed.）,
Chinese thought and institutions（pp.291-309）. Chicago:
University of Chicago Press，這篇文章充分說明「報」在華
人社會關係中的重要角色。

　　仁慈領導的雙向度內涵究竟如何，可以參看林姿葶、
鄭伯壎（2012）:〈華人領導者的噓寒問暖與提攜教育：
仁慈領導之雙構面模式〉,《本土心理學研究》,37期,253-
302；至於仁慈領導效果及其可能限制條件的整體分析，可
見林姿葶、姜定宇、蕭景鴻、鄭伯壎（2014）:〈家長式領
導效能：後設分析研究〉,《本土心理學研究》,42期,181-
249。

　　相對於領導者仁慈而來的部屬忠誠，其概念為何，可
以參看鄭伯壎、姜定宇（2007）:〈組織忠誠、組織承諾及
組織公民行為〉。見鄭伯壎、姜定宇、鄭弘岳（編）:《組
織行為研究在臺灣：回顧與展望》（二版）（頁126-165）。
臺北華泰文化。

第7堂
德行領導

EADER

德行領導

以信義為名

信義房屋總部位於
臺北市信義路上

標榜誠信經營，童叟無欺的公司應該不少，但直接以「信義」作為企業名稱，就比較少見了；不但以信義為公司名，而且確實堅持誠信理念，以信義作為企業的行事準則，那就更屬鳳毛麟角了。的確，這是一家極為少見、以信義命名，並以信義作為企業使命與文化的公司。也許說得更形而上一點，信義其實就是這家公司所販賣的商品。它是一家房地產仲介公司，總部座落在臺北市信義路上，對面就是全球知名的101大樓，遠遠就可以看到這家公司的品牌標幟。走進企業，偌大的信義兩個字，直接懸掛在牆上最顯眼的位置。從公司的名稱、地點、建築及種種人工器物的展現上，就可以看出這家企業的創辦人對於信義這兩個字的堅持——因為信義可以帶來信任，可以帶來新的幸福。

創辦人的價值觀與創業

這家想為社會帶來新幸福的公司，顯然與大多數的公司不太一樣，其創辦人周俊吉的創業動機也很不尋常，充滿著

第1堂
第2堂
第3堂
第4堂
第5堂
第6堂
第7堂
第8堂
第9堂
第10堂

傳奇的色彩。周俊吉出生於臺灣南部的富裕家庭，從小喜愛閱讀，早熟的他常常閱讀一些思想激進與想法開創的書。漸漸地，對於學校的填鴨式教育感到不耐煩，於是我行我素，並萌發出以改善社會為己任的想法。可是，眼高不見得手高，成績始終徘徊在退學邊緣。儘管如此，他還是發誓一定要考上大學。可惜天不從人願，第一次聯考就失利了。於是，隻身北上，一邊打工，一邊準備大學考試，終於在堅持四年之後，吊車尾，考上了最後一個志願——文化大學法律系。

法律的本質是預防糾紛的發生

退伍後，他借住在大學老師王寶輝家裡，準備律師與司法官考試。當時，正在研究臺灣訴訟案件的王老師告訴他：法律的基本精神是積極地避免糾紛的發生，而非消極地解決糾紛或執行法律仲裁，預防絕對重於治療。因而法律人的真正使命，其實是在化解糾紛於未發生之前。因為爭議如果能事先化解，就不必事事興訟，而可以避免兩造之間互傷感情，也可以減少許多社會資源的浪費。可是，在地方法院的案件中，人際與交易糾紛的案件非常多，房地產交易更是其中之一。因此，法律人與其當律師或法官，不如投身在糾紛最多的地方，並將之化解於無形。換句話說，如果法律人投身諸多於糾紛的房仲業，透過個人的努力，來改變房仲交易制度，並促使整個產業生態有健全發展，將可使交易雙方都能夠謹守誠信原則，避免爭議與糾紛，而可減輕司法的負

擔。所以建議他不如投身濁流之中，力挽狂瀾，對社會的貢獻可能更大。

的確，當時臺灣的房地產交易的制度極端不健全，也不受到重視，只有所謂的建設公司，兼辦房屋仲介工作，缺乏專業性質的公司。房屋買賣雙方都必須依賴中間人來穿針引線，撮合彼此。由於交易金額相當龐大，而且資訊不對等，因而仲介人員常有上下其手的機會，獲取不正當的利益。例如：只要拉大買賣雙方的價差，仲介者的獲利就可以大幅增加。因此，話術、隱匿、誇大，甚至欺騙都是司空見慣的事，以至於這個行業糾紛頻傳，聲名狼藉。

君子愛財，取之有道

在老師的耳提面命之下，周俊吉懷抱著理想與熱情進入了房仲業。首先，他任職於一家建設公司，並很快發現，不但房屋買賣合約偏頗，而且同事常會假裝是屋主的家人，收取買方的訂金；為了賺取差價，虛報坪數、謊報屋齡，以及其他種種不誠信的情形，更是時有所聞，極為普遍。他做了一個多月的業務以後，因為沒有達到公司要求的責任業績，原本說好的臺幣8,000元底薪，竟然縮水到只有2,000元。於是，他很不服氣地離開了。第二次應徵的是建設公司的法務兼代書，徵才訊息也是強調底薪8,000元，但月底領到的還是只有2,000元。他想：難道連內勤也要扣薪水嗎？就直接去請教總經理，沒想到總經理氣呼呼地回應說：「叫你寫存證信函警告客戶，你還說是公司的錯，不肯寫，給你2,000元坐車回

第1堂
第2堂
第3堂
第4堂
第5堂
第6堂
第7堂
第8堂
第9堂
第10堂

家過年就已經很不錯了。」

兩次經驗下來，他發現這些公司打著「不限專長，保障底薪，另有高額獎金」的幌子，騙取年輕人去應徵；經營手法亦十分低劣，為賺取高額佣金，什麼事情都做得出來，幾乎可以說是一個以「騙」為生的行業，完全符合王寶輝老師的觀察。不願意昧著良心，周俊吉只好悻悻然離開，並想：這個行業其實是可以有不錯發展的——假使公司能對客戶以誠相待；假使從業人員的素質夠高、水準夠整齊；假使提供的仲介制度可以保障交易雙方的安全；假使公司在提供客戶服務之餘，也能保障同仁的就業安全。如果這些假使都能夠成真的話，則這個行業一定大有可為。於是，自行創業的念頭，乃油然而生。

那年，周俊吉28歲，沒有資金、沒有技術、沒有人脈，房仲經驗只有二個月，沒有賣出任何一間房子；唯一有的，就是理念與熱情。他立志由他開始，逐漸改變房仲產業的生態。於是，向父親借了30萬元，在民國70年春天，於臺北市信義路二段的新光百貨樓上設立了「信義代書事務所」，這是信義房屋的前身。他找到了沒有多少人要念、被視為過時的《論語》、《孟子》之類的書籍，努力研讀，從中寫出了信義房屋70個字的立業宗旨：「吾等願藉專業知識、群體力量，以服務社會大眾，促進房地產交易之安全、迅速與合理，並提供良好環境，使同仁獲得就業之安全與成長，而以適當利潤維持企業之生存與發展。」這樣的立業宗旨真的是匪夷所思，與業界的實際作為完全扞格不入，雖然具有很高的道德性，也有很強的理想性，可是，真的可行嗎？

　　創業初期，一切似乎都不太順利。公司的規模不大，知名度很低，加上老牌建設公司壟斷市場，信義房屋只能在夾縫中求生存。何況周俊吉的堅持又是曲高和寡，使得公司的業績遲遲沒有起色。月底結算，總是入不敷出，開銷多於收入。因而，常常拿著妻子的結婚首飾去典當，再將典當的錢拿來發薪水給員工；等到收到服務費之後，再去贖回首飾。就在這樣的狀況下，來來回回穿梭在臺北市各大當鋪之間進進出出，開啟了周俊吉的創業之路。雖然第一年的營業額只有區區200萬，財務周轉困難，資金壓力很大，但他從來不拖欠同仁薪水，因為他認為信義的價值，必須從自己以身作則開始；而且既然是要做可大可久的事業，就不應該在誠信上有任何的折扣。這項堅持，是他創業初期最引以為豪的事。

清流如何變主流

　　對大多數人而言，一輩子的房地產買賣可能只有幾次而已，自然無法清楚瞭解交易過程中的學問與竅門；加上涉及的金額龐大，一來一往之間，仲介可以賺取的利潤相當可觀。若是有人利慾薰心，從中進行操控欺騙，也不容易被人發現。因此，處於這種情境下，要維持誠信與否，絕對是人性的巨大考驗。雖然道德、信義及誠信這些概念，從小就是學校與課本上不斷強調的，任何人都可以舌粲蓮花，說得頭頭是道。可是，在面臨個人誠信與龐大利益的拉扯時，是否能夠堅守有所為、有所不為的誠實信念，嚴以律己，誠信待人。此一關鍵時刻，才是真正的人性試煉的開始。對於已經做完抉擇的周俊吉而言，這種試煉當然不成問題，可是對從

第1堂

第2堂

第3堂

第4堂

第5堂

第6堂

第7堂

第8堂

第9堂

第10堂

業人員而言，卻形成巨大挑戰。因此，他所面對的真正難題是能否開闢出一條全新的道路，扭轉既有的房仲生態。因此，當同業都還在虛灌坪數、賺取差價時，他就已經在推動確實測量坪數、不賺差價、不索回扣、不收紅包等觀念。在今天，這些想法都已是再平常不過的事了，可是，當時卻是巨大的創新，也是嚴酷的挑戰。他也的確費了好大的一番功夫，才撥亂反正，讓清流逐漸變成主流。

首先，周俊吉建立了「先調查產權再進行買賣」，以及「收取固定費用」的制度，以確保消費者的交易安全。可是，這樣的制度卻完全擋住了別人的財路，尤其是想透

先調查產權再進行買賣，確保交易安全

過價差、賺取暴利的經紀人。於是，許多理念不合的業務同仁乃掛冠求去。可是，他卻不為所動，接著又逆勢而行，投下一個更大的震撼彈，大膽地改變了獎金制度，調高底薪，並降低獎金。由於當時獎金比例超過50%的公司比比皆是，許多業務員也都是為了豐厚的報酬才投身此一行業的。因此，當此政策開始推行時，一下子，周俊吉的桌子上就堆滿了辭職信，幾乎絕大多數的公司同仁都要離職他就。

既然公司內部同仁的反彈都這麼大了，外界的反對聲浪也是可想而知。當時，周俊吉擔任臺北市房屋仲介同業公會的主任委員，極力主張不應該透過不正當手法來賺取暴利，即使大多數同業都這樣做。因而，不斷倡議「不賺差價、固定費率」的作法，呼籲業者應該將原有的豐厚利潤釋放出

來給消費者分享。這項提議當然受到其他同業的堅決反對，甚至提案罷免周俊吉。情勢內外交逼，顯然對周俊吉極為不利，但他老神在在，胸有成竹，且再三強調：如果業務人員都以買賣價差與業務獎金作為收入的主要來源，則收入會因為業績的起伏，而無法穩定，以致心情起起落落，難以全心全意投入工作；而且為了多賺取一些價差或獎金，也容易發生誇大不實的投機行為。因此，佣金制度的改革乃勢在必行，才有可能革除這個行業已約定成俗的惡習。

　　總之，對於「信義」這兩個字的堅持，是不會因為各種阻力或利益，而有任何妥協與讓步的餘地。因此，他又持續推動不動產說明書制度，健全買賣雙方的權責與保障。理由很簡單，如果連買一臺照相機都有說明書了，則買房子這等高單價的商品，怎麼可以沒有呢？所以決定要從本身做起。可是，由於地政機關並未進行電腦連線，因此製作一份說明書，需要一個星期左右的時間。換句話說，從接到賣主的委託之後，至少必須經歷七天的調查時間，才能夠進到交易市場中。當許多屋主知道房子要等一段時間才能夠賣時，就會傾向把房子委託給速度較快的競爭對手銷售。而且，製作不動產說明書所費不貲，十分增加額外成本。當時每份說明書的製作費是新臺幣5,000元，但平均每個案子收取20萬的佣金，四個案子中只能成交一件，成本占總收入的近10%左右。對資金不寬裕的信義房屋而言，這種作法無疑是雪上加霜。何況說明書上記載了房屋的所有狀況，完全沒有模糊與逃避的空間，一旦買方知道房屋有諸多問題，也會猶豫再三。

　　這些因素對於買賣雙方的成交，似乎都只有不利的影

響，而完全沒有加分效果。然而，為什麼明知山有虎，偏向虎山行呢？周俊吉的邏輯是，如果不做說明書，代表鼓勵短視近利，投機取巧。或許成交會比較快，委託案容易成功。可是，當買主發現房子有問題時，例如：買到海砂屋或是凶宅，一定會找經紀人理論。於是，經紀人可能就要曠日費時地去解決問題，而無法安心工作，也會損及公司的商譽與誠信。偷雞不著蝕把米，到時需要耗費更多的資源去處理。而且，「路遙知馬力，日久識人心」，確保客戶安全的作法，一定會日起有功的。因此，毅然決然地推行不動產說明書制度。

那時，臺灣正值經濟景氣高峰，許多同業都大發利市，但信義房屋卻因為推行不動產說明書，只能勉強維持收支平衡。可是，第二年形勢丕變，景氣反轉，股市下跌、經濟緊縮，房市變成買方市場，在同業紛紛裁員、減薪及關店的狀況下，信義房屋卻因為有不動產說明書的保障，累積了不錯的信譽，反而逆勢成長，業績成長50%，甚至轉虧為盈，業績扶搖直上，一下子彎道加速，成為產業中的領頭羊。在經濟不景氣的年代中，信義的價值終於突顯出來，也讓所有人對堅持信義的領導人刮目相看，並印證了「計利當計天下利」的想法。媒體因此形容信義房屋擅長「逆勢操作」，景氣不好時，業績更好，賺更多

堅持信義，維持買賣雙方誠信

的錢。但他卻不認為這是「逆勢」，而是「順勢」，因為即使是不守規矩的人，也希望跟守信用的人交易。因此，「講信重義」才是經營的本質。如今，不動產說明書已成為《不動產經紀業管理條例》中，明文規定的一部分。

除了堅持建立健全的制度之外，企業經營者也必須避免去做傷害市場、讓市場失靈的事。由於房產交易的主要目的，是為了滿足個人與家庭的居住需求，因而，一個健康的房屋買賣市場，應該是以自住者為主要客群，而非炒房的投資客。因為這些人是市場禿鷹，以房產交易作為主要的收入來源，而非居住之用。可是，因為他們轉手次數多出很多，很容易喧賓奪主，成為產業中的主要顧客。一旦房地產市場投資客太多，房屋價格就會被哄抬，以從中牟利，而使得市場交易偏離正常的供需機制。因此，公司明文禁止員工不能與投資客有密切來往，規定房屋在成交過戶的50天內，不能再次進行交易，以杜絕短期炒作；若是在50至180天間銷售，則必須在不動產說明書內註明交易時間與價格。甚至在公司內部建立檔案，列管短期內進出太過頻繁、賺取差價的投資客。這些作法員工都很難理解：為何要拒絕送上門的生意？因為如果開放投資客買賣的規定，一定可以大幅翻轉業績。可是，周俊吉卻強調：君子愛財，取之有道，不公不義所得來的富貴，肯定不會太長久。如果投資客賺太多差價，則房子的前屋主，以及買房子的自住者都會覺得受騙上當，於是仲介就可能成了投資客的幫兇。何況一旦妨礙了居住正義，則公司賴以生存的市場必然受到傷害，企業自然也無法在產業中屹立不搖。

也就是說，對於道德誠信的堅持，不但不會犧牲公司的業績與員工的福祉，反而會是企業永續經營的根本；而且很多短期看似不利的政策與規定，雖然推出時

居住正義是房仲產業生存的根本

會犧牲一點小利，但長遠來看卻是有益的。因此，企業經營者應該要把「義」看成是長期的「利」，由此確保同仁與客戶之間的關係是正當而永久的。如果人人都見利忘義，少了道義作為根本，則利益也不可能長久。因此，必須先義後利，才有機會義利兩得；先做一些應該做的事情，做到以後，別人得到好處，自己才有可能得利。所以，義利是相因相生，相輔相成的，義先於利，才可能長久永續。

總之，以信義立業的公司仍可在一片紅海的殺戮市場中脫穎而出，由落後而領先，並改變整個生態系統，也恪盡了法律人貢獻社會的積極責任。此案例詳述了誠信價值如何對顧客、員工、產業及社會產生良好的影響，並由此樹立了以誠信為先的企業文化。當這種堅持信義的價值成為領導者帶領部屬的依據時，就是所謂的德行領導。那麼，什麼是德行領導呢？

德行領導是什麼

德行領導是指領導人堅持高度的道德標準，並用以教化與影響部屬，而呈現出一種具有高度道德廉潔性的領導方式。在德行領導的研究中，特別強調領導者的三種美德領導行為，包括以身作則、公私分明，以及誠信不欺。以身作則是指領導者在要求別人之前，會先要求自己，作為部屬在工作或生活環境中的表率；公私分明是指領導者不會濫用權力來牟取私利，不徇私、不偏祖，甚至會為了組織而犧牲自身利益；至於誠實不欺則指領導者為人誠實、守信用，表裡合一。這些描述都與信義房屋創辦人的行為展現頗為相似，也似乎與華人文化傳統之儒家德治主義與克己修身觀有密切的關係。

在《論語》中，討論上位者應該如何治理國家時，特別強調個人的品格與德行修養，以及道德治理。首先，他必須作為臣民的表率，並用道德規範來感召大眾，而非嚴刑峻法。因為法律只是一種外在約束，無法使人民發自內心地心悅誠服。因此，主張：「為政以德，譬如北辰，居其所，而眾星共之」；「其身正，不令而行；其身不正，雖令不從」，強調領導人的道德操守乃是治國的根本。當領導人以身作則，用美德來領導，做部屬的榜樣時，部屬即可潛移默化，改過遷善。

因此，在比較道德與法律的相對效果時，特別推崇道德效果必然凌駕於法律之上，而認為「道之以政，齊之以刑，民免而無恥；道之以德，齊之以禮，有恥且格。」也就是說，上位者之德行領導的效果，要比法律大多了。因為法律只能

避免被處罰，規過卻無法勸善。因此，當上位者修德時，透過模仿學習，風行草偃，即可以妥善治理國家，所以說「子為政，焉用殺？子欲善，而民善矣！君子之德，風；小人之德，草；草上之風，必偃。」

因而，上位者的德行，是國家社稷的根本；上位者必須以德服人，當領導者擁有良好的德行時，便不需要透過運用權力威勢來壓制臣民。法律與嚴刑雖能使人民遵守規矩，但只對外在的行為有所約束效果，並無法使人民發自內心地加以依循。因此，真正有效的領導之道，乃是致力於培養領導者的個人美德，並展現高尚的德行，作為部屬行事為人的楷模與典範。這種教化過程，不但能夠影響部屬的外在行為，也能在潛移默化之中，培養部屬的正直與誠篤的內在信念。一旦養成這種信念，則其效果要比威勢與權力的外在約束大多了。總之，上位者的人格必須為下位者所欽仰，當其行為被大家所模仿時，即可形成一種風氣，成為風俗善惡之所繫。所謂上樑不正，下樑歪，所以「上之於下，猶儀之於影，原之於流。儀正則影正，原清則流清。」下位者的行為其實是上位者行為的反映。

因此，上位者的克己修養，就變得十分重要，「求諸己、施於人，澤被天下。」至於個人人格的克己修持與道德實踐，則要從修身的內省功夫開始，由修己以敬到修己以安人，再到修己以安百姓；由個人的誠心正意開始，層層外推，己立而立人，己達而達人。也由於傳統華人社會較缺乏對人民的保護制度，因而強調政府官員等上位者的美德，就成了一種必須具備的重要標準。也就是說，德行不但具

有約束臣民的作用，亦具有培養仁君的功效。作為上位的領導者，必須先由個人內在的修身開始，在習禮、行禮的過程中，逐漸體會自己與群體的關係、角色，以及相互責任；並在遵循天道的規範下，依禮行事。如此一來，才能將德行的影響力擴而大之，進而達到齊家、治國、平天下的內聖外王的作為。

在現代組織中，領導者德行的展現，如何在組織中轉化成具體的組織績效呢？要回答這個問題，需要進行一系列的德行領導研究。首先，需要掌握德行領導的構念，並瞭解其意涵；再據以發展測量工具，探討其與組織效能的關係。因而，研究者需要先行瞭解德行領導的概念，並可透過歸納式的關鍵事例蒐集方法，來加以探討，以掌握當代德行領導的內涵。結果發現，在企業組織中，德行領導涵蓋七個向度，包括公平無私、正直不阿、廉潔不苟、誠信不欺、擔當負責、心胸開闊，以及以身作則。公平無私意指領導者在做決定時能夠公正，不會偏袒與自己親近的人；正直不阿描述領導者為人剛正不阿，具有道德勇氣；廉潔不苟是指領導者不會為了追求私利，而做出違規或侵害別人利益的事；誠信不欺意指領導者能夠誠實守信且言行一致；擔當負責是指領導者勇於承擔應負的責任，也願意承認與改正自己的錯誤；心胸開闊意指領導者能夠虛心接受不同的意見與批評，而且能夠寬容別人，不多嫉妒或猜疑；以身作則係指領導者不僅能作為部屬表率，而且要求部屬做到的事，自己都可以先做到。進一步將這些內涵做整理，可以發現，各向度可能是具有對象指涉性的，例如：以身作則與公正無私較偏向描述領

導者與部屬間的關係；正直不阿隱含了領導者個人與制度、組織間的關係，而廉潔不苟、誠信不欺、擔當負責及心胸開闊，則分別描述領導者與財物、自我、工作，以及他人之間的關係。

　　除了對象性的劃分之外，也可以將德行領導的展現，區分為消極地不做違法行為（諸惡莫作），以及積極地展現良善行為（眾善奉行）兩個面向。以消極德行而言，領導者需要有所不為，有些事是絕對不能做的，例如「不做」違反誠信的事情，因此，會不求私利，不圖利自己；並展現自律、誠實、言行一致，以及心胸開闊的行為。以積極德行來說，領導者要有所為，要「做」能夠提升德行的事，因此，需要能夠公正、公平對待部屬；總是身先士卒，勇於承擔責任，且具有道德勇氣，挑戰不公不義的事。總之，一位具有德行的領導人不但可以克己修身，也能樹立典範，己立立人；至於在合宜的消極面與積極面的德行上，亦會有所不為，有所為，並因此影響部屬，做部屬學習的榜樣。

德行領導的效果與條件

　　瞭解德行領導內涵之後，即可探討德行領導與部屬效能間的關係。過去的一些實徵研究已經證實，領導者的德行領導，對於部屬的督導信任、績效表現、組織承諾，以及助人之類的角色外行為，都具有正面的效果。這種效果究竟是透過何種歷程，而對部屬的績效與態度產生良好影響呢？目前研究的結論是，德行領導之所以能夠發揮作用，其歷程主要

德行領導引發部屬的認同與效法

是來自於兩方面，首先，德行領導會引發部屬對領導者的認同，進而仿效領導者的行為，學習其做人處世的態度與理念。在儒家崇尚修善與德治的影響下，華人領導者的德行可以帶動部屬的道德反應：當部屬察覺領導者德行高超、符合道德期待時，他們也會尊重、順從領導者，並模仿與學習領導者，且認同與內化德行所代表的價值與目標，表現應有的美德行為。

其次，由於德行領導是一種普遍行為，不太會因人而異。因此，領導者對部屬的道德要求會逐漸形成集體規範，而成為群體成員的道德守則。在集體規範的約束下，部屬多少會瞭解什麼事可以做，什麼事不能做。此外，在集體道德規範形成的過程中，也會逐漸淘汰道德理念不同的成員，進而形成道德取向的企業文化，成為約束部屬行為的隱性道德規範，且作為選人的依據，選擇類似具道德價值的人進入組織。透過以上兩種機制，因而，德行領導對部屬的種種行為與態度具有正面效果，包括對領導者的認同與信任、滿意度、情感性承諾、工作績效、交換關係，以及組織公民行為等等的指標。

近年來，也有一些研究企圖瞭解德行領導的效果是否受到一些條件的限制，而探討了領導者的屬性，包括領導者的威權領導、仁慈領導，以及才能。在威權領導方面，由於儒

家傳統提倡以德服人，認為當領導者擁有良好的德行時，是不需要使用權力與威勢來控制部屬的。因此，德行的效果應該不會受到威權領導的影響。結果發現，當領導者德高威低時，部屬有最佳的表現；其次是德威並重；接著是威高德低；德低威低的領導者，則最差。顯示對高德行的領導者而言，威權的展現非但沒有幫助，反而會削弱效果，且具有一種類似酷吏的效應，即領導者道德太高又嚴酷要求，則部屬可能會較難以忍受。至於對低德行的領導者而言，威權的展現反而具有一些作用。

在仁慈領導方面，一位仁德兼備的領導者，似乎是最理想的。不過，過去的研究卻發現，在德行領導低時，領導者的仁慈能夠有效提升部屬的態度反應與績效表現；但是在高德行領導時，仁慈則沒有太大的作用。顯示只要領導者具有仁慈或德行其中一項領導行為時，部屬的表現都不錯，彼此之間似乎具有某種程度的替代效果。在領導者的才能方面，結果與仁慈領導的效果有些類似，即才能可以取代德行領導的作用，當領導者的才能高時，德行領導的效果會被削弱；反之，當才能低時，則德行領導的效果較佳。因此，對部屬而言，也許領導者的仁慈與才能都可能被視為是一種廣泛的德行，而可取代德行領導的效果。

德行領導的實務意涵

德行領導反映了華人德治主義與自我修養的傳統，也對當代組織的經營與管理具有正面作用。但這種高度理想性的

領導風格，如何落實在對部屬的日常領導之中？從周俊吉的案例中，也許可以瞭解其德行領導的起源乃在於「正心」。因而，當臺灣房仲業流行欺瞞矇騙的伎倆時，他是以高度誠信與德行作為信義房屋的核心價值，並堅持用這樣的理念，以身作則地教化部屬；最後，由小而大，由近而遠，擴及到整個產業，充分反映了傳統儒家之修身、齊家、治國、平天下的理想。

因而，領導者的「以身作則」，應是落實德行領導的第一步。也就是說，領導者要先以誠信立身，做部屬的典範，才能夠使德行領導發揮效果，並落實在日常經營中。以周俊吉而言，創業初期，公司營運並不理想，但卻寧可拿私人財物去典當，也絕不積欠員工薪資；自己開會遲到，先跟大家道歉，然後自己罰站；遲到幾分鐘，就罰站幾分鐘。除了自用住宅，不買第二棟房子來置產。他的這些作法，展現了對誠信的堅持，也成為部屬的模範，並可據以要求部屬做到。

尤其是部屬在面對義利難以兩全的事件時，他會給予明確的判準，堅守道德的界線。有一個真實案例是發生在企業成立初期，有一位員工接到了一間高單價房屋的物件委託，好不容易找到一位買主，幾經磋商，已經約定要簽約付定金。可是當下經紀人卻得知，這間房子的女主人曾在此自殺。因此，這是民間習俗中所謂的「凶宅」。當時信義房屋規模並不大，這個案子的收入幾乎就占了公司月營收額的一半。負責的經紀人心裡相當掙扎，於是請示周俊吉，問他該不該向客戶坦率告知？周俊吉不假思索地給了一個很簡潔的答案：「說！」可想而知，信義房屋失去了這筆交易。可是，

第1堂

第2堂

第3堂

第4堂

第5堂

第6堂

第7堂

第8堂

第9堂

第10堂

領導人的處理方式，卻給這位資淺的同仁很大的震撼：這是一家不簡單的公司，信義兩個字可不是隨口說說而已；公司所標榜的信念，也不是空泛的口號與標語，而是確實履行的行事態度。雖然誠實以對的結果是失去這筆交易，但卻贏得了顧客的深層信任，為以後帶來了更多的業績。

當領導人自身與內部人員都能夠有所堅持之後，就需要將這些道德理念制度化，成為組織規章與組織文化的一部分，並由此教化新進人員。所謂「道正術強」，當理念、價值觀的「道」正確時；則策略、方法及技巧的「術」就會強大。這兩者之間，必須先追求「道正」，然後才能要求「術強」。因為「術」只是形於外的技巧，只要肯學就能夠掌握要領，也容易複製，但是「道」則接近一種信仰，若非衷心認同，是很難模仿成功的。因此，在信義房屋的新進同仁訓練中，道德理念的教化是最基本要求，在前三天的訓練課程中，完全沒有安排任何業務方面的課程，而是著重在經營理念、企業文化等「信義」概念的介紹；而且甚至在訓練結束前，企業領導人一定會親自出席，跟新進同仁「見見面」，談談誠信創業的理念。

由此類推，對於顧客的服務品質，也是需要堅持，且沒有妥協的餘地。有一年，信義房屋如火如荼地推行顧客服務品質的評鑑活動，當時有些主管有意見，認為：如果要把

道正術強是順利交易之鑰

品質評鑑做到符合要求，績效可能無法達到設定的目標。因為第一線的業務人員為了爭取業績，往往會碰觸到公司道德信條的灰色地帶，因而，魚與熊掌無法得兼。於是，周俊吉回應說：「業績無法順利達到目標可以接受，但是品質指標一定要符合要求，因為誠信與道德是沒有任何模糊空間的。」

對房仲經紀人而言，職涯中總有數不清的關鍵時刻需要「選邊站」：即究竟要選擇正確的事，還是眼前的利益？此時，要如何取捨，判準何在呢？在此關鍵時刻，依靠的往往

不是法制化的標準流程，而是心中的那條道德底限。因此，必須堅持誠信與道德，否則遇到利害衝突或灰色地帶時，就可能出現偏差行為。這也是信義房屋不斷開

職涯中總會面對義利「選邊站」的考驗

課，再三灌輸道德理念的原因。因此，有別於許多以數字掛帥的企業，業績的達成往往是考核與升遷的重點，但信義房屋除了考量這些業務能力之外，更重視個人的道德誠信，以及對公司理念的認同。信義總部內有一面「信義君子」名人牆，上面沒有掛著董事長與頂尖業績同仁的相片，卻掛了多位「信義君子」的照片，這是信義員工最高的榮譽。一位信義君子回憶過去說：「客戶要求我配合低估房價，一起來賺取差價。可是，我不但婉拒了，而且說服客戶信守誠信原則，以合理價格取得房子，避免買賣雙方交易發生糾紛。」另一

位信義君子則是在面對海砂屋的屋主想隱瞞屋況，卻堅持誠實向買方告知屋況，此舉不但避免可能產生的糾紛，也為他贏得更大的聲譽與更多的業績。

最後，企業領導人也深信，只要能夠以身作則地將自己對於信義的堅持，讓同仁感受到，便可以擴而大之，改革臺灣的房仲產業，這也是信義房屋存在的主要價值。因此，從最早打破產業陋習的「不賺差價」；到力排眾議的推行「不動產說明書」；再到領先同業的「成屋履約保證」，許多曲高和寡、不合時宜的作法，後來都成為同業競相模仿的對象，並成為房產交易的法令規定。以上種種，完全印證了對信義的堅持，必然帶來良好的結果，且符合先哲所說的：「惟天下之至誠，能勝天下之至偽；惟天下之至拙，能勝天下之至巧。」也就是說，看似與商業利益格格不入的道德守則，卻是信義領導人在帶領部屬時的重要心法，也為臺灣房仲產業注入了一股清流，成為重要的標竿，進而維持買賣之間的交易安全，贏得了許多人的肯定。

總之，這是一家將信與義落實在公司經營與領導的企業，從公司的名字開始，講信重義，先義後利；誠信不但是企業的立業宗旨，也展現在組織文化、組織制度、人事規章、交易標準，以及領導統御等等的行為與作法上，而且徹底執行，堅持到底。難怪企業創辦人再三強調：「不少人常常向我請教企業經營的方法，我的回答總是：『道理大家都知道，只是我較堅持且做到而已。』」也許「道德誠信」不應該只是華麗優美的詞藻，也不是書本上所標榜的信念教條，而是日常生活中的自我實踐與自我堅持！

課堂總結

標榜誠信經營的公司不少，但確實做到的並不多。一家組織之誠信文化的形成，脫離不了企業經營者的個人德性及其展現的德行領導。德行領導者通常會堅持高度的道德標準，並以此來教化與影響部屬，其展現的行為至少包括以身作則、公私分明，以及誠信不欺。這種領導作風由於能夠贏得下屬的景仰與認同，而能夠形成集體道德規範，並有助於組織效能的達成，且可以善盡企業公民之責任，是相當可貴的。

進階讀物

如果想進一步瞭解德行領導的核心意義與內涵，可以參看鄭伯壎（2006）：〈德行領導初探〉。見鄭伯壎、樊景立、周麗芳（主編）：《家長式領導：模式與證據》（頁40-56），臺北華泰文化。

有關德行領導在儒家精神中的文化根源，可以參看王安智（2014）：〈德行領導：本土概念或普同現象？〉，《中華心理學刊》，56卷2期，149-164。此文亦收錄在鄭伯壎、姜定宇、吳宗祐、高鳳霞（主編）：《組織行為研究在臺灣四十年：深化與展望》，臺北華泰文化。

關於德行領導的效果、其作用歷程，及可能的影響條件，可參見林姿葶、姜定宇、蕭景鴻、鄭伯壎（2014）：〈家長式領導效能：後設分析研究〉，《本土心理學研究》，42期，181-249。

第 8 堂

謙遜領導

EADER

謙遜領導

正派經營的幸福企業

唯有正派經營的企業，才能讓員工有幸福感

這是一家值得尊敬的公司，競爭力強，生產力高，員工幸福，也充滿著不少的傳奇故事，例如：發現獲利太高，竟然主動退錢給客戶；企業創辦人信奉自然，謙沖自牧，強調辦企業是為了大家的幸福，而不是賺錢。這是怎樣的一家企業呢？一位外商的人力資源主管也是一樣充滿著狐疑：

我曾在美國默克（Merck）大藥廠臺灣分公司負責人力資源管理業務，默克在美國聘請了不少心理學家、上百位的人資管理專家，人力資源管理做得十分卓越，我一直認為他們的人力資源管理體系絕對是世界第一流的，不會有太多公司比他們更好。可是在我碰到這家公司之後，印象完全改觀。它沒有人力資源管理部門，但是員工流動率幾近於零，從來沒有勞資糾紛，也不裁員減薪，更有不少員工捐地做社會公益。這家公司顯

覆了我的人資信仰，怎麼會有這種公司？到目前為止，我還是不瞭解為什麼？

的確，在全球化的趨勢下，資本主義席捲全世界，大多數的企業都在思考著應該如何降低成本，獲取更多的利潤。可是，竟然有一些企業完全不做此圖，不但不以賺錢為目的，反而只是為顧客、員工，以及所有利害關係人的幸福著想。因而，

幸福企業上下之間是平等的

在公司內部，為了員工的幸福，是要創造一個優異環境，能讓員工容易把事情做好，發揮個人的天賦才能，而不是指東道西，去教導員工應該如何做好事情。因此，經營者存在的目的，就是要把阻擋事情做好的種種障礙排除掉，讓員工能好好做事，或是把事情做得又快又好。而且，大家一起在公司做事，是平等的、沒有高下之分，所以不需要太區分你我、管人的或是被管的。由於每個人都是人才，所以如果有人表現不好，那是因為把人放錯地方，或是環境不對所導致的。即使表現不好，那又如何？因為表現再不好的員工，在家裡也是別人的好父親；女作業員回到家，也是人家的千金。

所以，所有人的幸福是最重要的，這是公司經營的基本原則。如果經營者靠降低工資來壓低成本，那是無能的經營者；如果公司裡有特權，那就代表管理者有私心。人有了私

心，就會徇私，所以才有特權；有特權，就會搞關係、走後門，結黨營私，爭鬥不斷。因此，選拔高階主管或其他主管時，絕對不會選用私心重的人，因為這種人自私自利，會袒護自己人，牟求自己的利益。當所有員工都是一律平等時，就不必去考慮誰高誰低，該巴結誰，於是上上下下就不會充滿著逢迎拍馬的氣氛。只要上面沒私心，全公司就會平等，上下和和氣氣，就不會發生爭權奪利的事。由於企業是一群人聚在一起的，大家都有自己要追求的幸福，所以都要互相體諒，不需要計較得失，這樣大家就能確保幸福，企業也可以永續經營，即使人與企業終究都不是永遠的。所以，這是一家簡單而符合人性的公司，追求彼此的幸福，並流露出簡單、自然而無私的氣息。

然而，就公司治理的角度而言，每位員工的表現都有好有壞，總是需要有一套客觀的評量標準，來考核績效，論功行賞，作為敘薪晉升的依據。績效好的，拿得多；績效不好的，拿得少，這樣才能夠符合公平公正的原則。這種想法就是當代美國公司的人資管理哲學，或是用人的邏輯。流風所及，許多企業都奉為圭臬，並流行著建立關鍵績效指標（key performance indicators, KPI）的制度，希望每位從業人員的表現都要符合KPI的標準。也就是說，公司透過訂定KPI來量化員工的表現，並依據這些表現的水準來給予各種獎勵、處罰，用來激勵員工，以有效提升員工的績效表現。

可是眾人皆醉我獨醒，這種邏輯可不是人人都得一體遵行的，至少這家公司就不是這樣想的，更不是這樣做的。因為事在人為，標準是人訂的，一定有人的偏見存在。所以所

謂最客觀的標準，有可能是最不客觀的，也可能是最不標準的，因為可能充滿著一偏之見，順了姑情，逆了嫂意。所以，這裡沒用來評分的表格，考績只簡單地區分為「甲」、「乙」二種，獎金不會差很多，人數也不會差很多。在這裡，考績只是一種形式，象徵著「大家都很不錯」的想法。因為每個人都很好，所以不需要區分的太仔細。而表現特別突出的、十分傑出者，則有機會獲得5%的「特優甲等」考績，但也只是稍微鼓勵一下。

與產業流行的作法比起來，這種績效考評制度很少見、很另類，但也顯示了公司不希望員工只為了工作而拼命，更不希望引誘員工為金錢賣命，成為工作狂，或是把工作成就視為人生唯一的重要目標。也由於每一位員工都是很好的人，都是很優秀的人才，所以公司與員工之間、人與人之間並不需要太計較，可以不分彼此地一起工作。下班時間到了，就應該回家，不要加班；公司存在的目的是為了創造員工的幸福，而不是為了努力工作，讓公司獲利。做到人人幸福美滿，這樣的公司與員工才叫做雙贏。就像家庭一樣，有些孩子可能不是特別聰明，但也是父母的孩子，絕對不會不把他當成家人，所以不用太計較，這樣才叫幸福。

既然企業存在的目的不是為了賺錢，所以炒作股票來提高公司的價值是很不道德的，因為炒股票其實很像是合法的搶劫。

企業存在的終極目的，是為了提升幸福

同樣地，土地也是要拿來使用的、辦企業或做其他種種的事的，而不是拿來做投資的標的，所以炒作房地產也是不道德的，得來的利益也很像炒股票一樣，是一種合法的欺騙。所以，炒作房地產與股票，雖是資本主義社會流行的典型作風，但這家公司卻嗤之以鼻。總之，在這家公司裡面，有太多不合「美式常規」的作法，但從業人員卻十分幸福美滿，上下游供應商、顧客也都樂於與它合作，並引以為榮；世人對它更是佩服的五體投地，這家企業就是奇美實業。

經營者的無私特質與幸福文化

奇美的創辦人是許文龍，這家公司的組織文化與經營管理之所以極具特色，與許文龍的經營哲學有著極為密切的關係。甚至可以說，奇美就是一家流著許文龍血液的公司。即使在事業上成就了許多世界第一與臺灣第一，但他想的卻不是如何賺更多的錢，或是創造規模更大的事業，而是認為要尊重自然，要接受自然的偉大；要謙卑，虛空自己，不要有個人就是整個世界的想法；要無私，要尊重人性，因為每個人都是平等的，每個人都有存在的價值。至於企業的存在，則是為了所有人的幸福而來的，所以幸福比工作重要，這些想法似乎與他成長的背景有關。

1928年他出生於臺南，6歲時經歷父親失業，家庭經濟頓時陷入困境；小學畢業後，連續二年考不上中學，後來只好就讀二年制的小學高等科；16歲時就讀成大附工，然後進入臺南工業學校。在高工的三年，成績一直敬陪末座，而讓

他領悟到名次、成績都只是一種表相；有沒有學到東西，才是真正重要的。在求學過程中，他展現出對於實務操作的興趣與天分，也持續培養著對音樂的愛好。23歲成立奇美行，經營童裝買賣；接著與人合開「美信塑膠廠」，進入塑膠製造業；結束合作關係之後，於1953年成立「奇美實業」。

奇美實業是一家塑膠玩具工廠，開廠時，面積只有八坪大。可是，才二年的時間，就已經擴展到100坪。雖然業務鴻圖大展，可是與他一起創業、經營公司的兄長，卻與他的經營理念漸行漸遠，落差也愈來愈大。哥哥認為公司經營上軌道，有賺錢就很好了，不必要再去冒險嘗試新的花樣。但是，許文龍卻懷抱著夢想與理想，不想被困在這間製造塑膠玩具的小工廠裡。面對親人的不同想法，他常暗自神傷。

後來，中國生產力中心在臺南舉辦「不碎玻璃講習會」，讓許文龍找到可以發揮的著力點，覺得真是千載難逢的機會。不碎玻璃使他如獲至寶，此一產品後來稱之為「壓克力」。從此，奇美就在壓克力的生產上發光發熱，不但建立製程，而且在沒有政府的任何幫助之下，七年內就成功打開了外銷市場。因而，許文龍也被尊稱為「臺灣壓克力之父」。除了有一些是基於個人的興趣之外，隨後所成立的各個關係企業，大多是以此專業為核心來擴張的。1981年，奇美掌握了ABS的製造技術，這種稱之為ABS的塑膠原料具有色澤佳、易染色、易加工、易添加其他原物料；耐化學性、耐天候、抗衝擊，以及硬度高等特性，頗受市場歡迎。於是，奇美乃投入生產行列，並在建廠十年後，產量躍居世界第一。以上種種的輝煌紀錄都是與許文龍在化工製品上的興趣、投入，

以及專業有關，並成功地開發出許多創新的製程，以及創新的產品。而且，也基於他無私的經營哲學、對市場的熟悉、對人性的理解，以及採取的謙遜領導方式，都使得這家樂於分享的公司如日中天，客戶忠誠度高，員工幸福滿滿，其他利害關係人也都與之合作愉快，讚譽有加。

對許文龍來說，他欣賞無為而治的精神，認為創辦人打造出產銷平臺之後，每個人就可以在此平臺上大顯身手一番；他只是一個平臺架設者，搭完舞臺，就可以退出，所以一星期只上班一天。另外，主張人不是生來為工作而活的，所以早在1988年，就已經實施週休二日。相對於臺灣公務員的2001年才開始實施，勞工則更晚，於2016年才開始實施，足足領先了一、二十年。他討厭管理人，也不喜歡被管理，因為每個人都是好人，都是善人，都是很好的人才，所以是不需要管理的。至於企業存在的目的，也是為了要創造員工的幸福、社會的幸福，或是其他種種利害關係人的幸福，而不是賺錢牟利。

雖然如此，他也覺得從業人員應該有義務提供物美價廉的產品給顧客，如果做出的產品還需要去推銷，就表示產品的品質還不夠好，還不夠物美價廉。所以，對與企業經營有關的所有利害關係人，經營者都要儘量去滿足他們的需求，給予他們最大的福祉。因而，取得暴利是不應該的，只要維持合理的利潤即可。如果因為匯差或是其他環境因素，而使得公司有過多盈餘時，就應該要將差價退回給客戶分享，不應該把所有的利潤都集中在一家公司上。因此，所有價值鏈的利害關係人，所處的社會，甚至環境，都應該利益均霑，

互蒙其利，獲得幸福。

　　許文龍最大的嗜好，就是釣魚與演奏小提琴。在還擔任奇美實業董事長時，常常一天只上半天班，就跑出去釣魚、爬山。他常常表示，人在面對大自然時，最能體會什麼叫做渺小，就能懂得謙卑。而這種謙卑的態度，也讓他可以運用各種角度去思索問題，而不會被困在日常的細微瑣事之中。因而，可以展現出一

演奏小提琴是許文龍的摯愛

面對大自然最能懂得什麼叫謙卑

種對自己、對他人、對社會、對環境的理解與關懷，也能夠使自己擁有自由自在的生活方式。對他來說，事業只占人生的四分之一，其他還有許許多多的空間，足以容納其他更有價值的事物。

　　當臺灣第一代企業家因為接班人的問題而搞得焦頭爛額之際，2004年許文龍卻悄悄地卸下董事長的職務，過程平和而沒有太多的新聞關注。對於自己一手打造的企業，他一開始就不打算交給自己的子女。因為他心知肚明，如果一個人沒有累積財富的能力或本事，則擁有過多的財富，將是極大的負擔，而且就像是飲鴆止渴一般，長期一定不堪負荷。當

企業家想盡辦法要把財富、事業留給子女時，說穿了，其實就是自私。顯然地，這些作法都與他所偏好的無私精神相違背；況且財富只是人生的一小部分，應該要對金錢有正確的認識；也必須肯定其他萬事萬物的價值，而不是把財富視為最重要的人生必需品。

所謂道法自然，他的最特別之處，就是擁有超脫世俗的清楚思緒，對於事情本質具有透徹的理解，因而能夠悠遊自在，不受限於常規常理的約束，而且常常採取逆向或全方位思考，採行不同流俗的作法。這種千山我獨行的無我精神，在收購財務不佳的逢甲醫院（現在的奇美醫院）時，更是發揮的淋漓盡致。原本，許文龍想自己成立醫院，因為由無而有來籌建時，各方面的設計都能夠完全按照自己的想法處理，最為直接省事。可是，1988年逢甲醫院因為連年虧損，不得不向外求援時，他卻有義不容辭、捨我其誰的感覺。雖然接手一家瀕臨危機的醫院瑣事繁多，頗為麻煩；可是，任憑這家醫院倒閉，對於社會與大眾而言，肯定不是一個美好的結局。因此，他還是知難而進，選擇接收這家體質孱弱的醫院。

論及企業購併時，流行的錦囊秘笈或管理學教科書總是告訴購併人需要聚焦在最重要的兩件事上：第一，健全財務結構，第二，強化管理效能。為了健全財務結構，所以必須要裁撤冗員部門，精簡人力，降低成本；為了強化管理效能，則需要大幅調動管理階層人員，汰舊換新，促進新陳代謝。這兩項行動顯然都會使從業人員倍感壓力，引發心理上的不安全感。然而，流行觀點卻告訴我們，這些都是必要之

惡。所以,處理手段要明確、快速,而且要善用補償機制來降低組織的耗損與衝擊。可是,許文龍卻反其道而行,認為既然需要提供物美價廉的服務,所以,首先要做的是降低病患的

醫療品質的提升是為了滿足病患的需求

醫療費用,因為對大部分的病患來說,醫藥費的負擔相當沉重。因此,要先滿足病患的需求。所以,首先要做的,是降低病人的收費。其次,則是要提高醫護人員的薪水,這樣他們的生活才能過得好,過得無後顧之憂。只有生活無虞後,才能全力投入,貢獻所學。所以第二件要做的事,就是要為醫護人員加薪。也就是說,先要改善人員的生活品質,才能使人展現最佳的效能,何況醫療水準與醫護人員的待遇有著極高的關聯,所以必須提高醫護人員的薪資。不但如此,也要高到能把其他地方的優秀醫護人員也吸引過來。尤其高薪聘請來的傑出醫師,不但可以提高醫院的知名度,也可以帶動整個醫院的醫療水準向上提升。

這些想法與行動雖然極有見地,可是對一家負債高達臺幣7億多元的醫院來說,無疑是雪上加霜,更是一項極為大膽的冒險。從財務上來說,等於是持續擴大醫院的虧損。這些事情許文龍都知之甚稔,也做了連續虧損三年的準備。他認為假使因為醫療費用低而導致虧錢,應該是一件極為光榮的事,也相當有面子,因為所有病患都可以享受到低廉高品

質的醫療服務。令人吃驚的是，他只花了二年的時間，醫院就已經出現盈餘，縮短了三分之一的時間，許多人都嘖嘖稱奇。賺錢之後，許文龍將盈餘分成三等份，分別用於還債、改善設備，以及員工分紅，並沒有保留一份給自己。事實上，在收購時，是由他一人承擔所有的負債保證，因此，他絕對有理由來分一杯羹的。可是，他沒有這樣做，可見他對金錢的態度，也難怪醫院的業務蒸蒸日上，現在已經成為南臺灣極為重要的醫療機構。

他的種種作為也都十分低調，既不像英雄般地耀眼，更不像大家長一般地至高無上，而是以一種謙沖自牧、虛懷若谷的精神，以服務社會為樂，以成就他人的幸福為榮。在此一過程中，他也樂於知所進退，覺得人生的樂趣可不只是工作而已，人得效法自然，利萬物而不爭。他的這種領導風格，完全展現了謙遜領導的特色。

謙遜領導是什麼？

謙遜是什麼呢？謙遜是一種個人特質，具有以下幾項特點：首先，謙遜的人能夠反躬自省，願意坦誠面對真實的自己；因此，對於外界的評價，可以保持著開放的態度。其次，謙遜的人瞭解人的侷限，願意接納自己的不足，所以對於自己的才能、想法、喜好、情緒，以及限制，都能夠具有通盤而清晰的理解；也不會虛矯浮誇，十分願意向他人學習。第三，謙遜的人瞭解每個人都各有長處與短處，能夠欣賞他人的所長與付出，也能瞭解與肯定自己的所長與付出。

因為各有特色，所以稱讚別人是極為自然的，不會覺得自己不如別人，或凌駕於他人之上。也因此，很容易與他人建立良好的關係。

更進一步來說，謙遜的人不會只專注於自己的需求上，而會想要超越自我，希望有進一步的成長，甚至到達更高的高度或是天人合一的境界。同時，這個成長的過程也往往不是為了自己，而是為了成就更廣大的群體、大我，以及社會。當謙遜成為領導者的行為特徵，且用這樣的方式來影響部屬成員，使其改變、並達成組織目標時，這種引導成員改變的影響行動，就可以稱為謙遜領導。

謙遜領導者的特徵，包括他會進行自我檢視，發覺自己的長處，也瞭解自己的不足；欣賞與學習他人的優點，對於他人的貢獻，不會吝惜給予回饋與讚揚；能夠靜心自省，不自滿，也不退縮；他很清楚瞭解自己與部屬的想法與能力，樂於讓部屬展現長處，貢獻才能，並給予更多的機會。也由於謙遜領導者能夠聽取他人的意見，尊重他人的貢獻，因此能夠擁有更多的想法與資源，而可以即時因應環境變化，且採用更多的創新方式促使組織成長，並避免驕矜自滿或剛愎自用所帶來的組織風險與傷害。有一些研究已經發現，領導者的自戀、驕傲自大，常常是重大決策錯誤的主要原因，而謙遜領導者比較可以避免這種錯誤。

目前，針對謙遜領導的內容與作法，已發展出測量工具，用來評估一個領導者的謙遜表現，並包括以下的幾個向度：第一，自知侷限。領導人瞭解自己的不足，而會主動要求別人提供回饋，即使是負面的回饋或批評亦多所歡迎。第

二，欣賞部屬。瞭解每個人都各有長處，所以會重視部屬的優點，並給予貢獻長才的機會。第三，追求進步。為了有助於創新與進步，會廣開言路，對部屬的建議與想法持有開闊的胸懷與開放的態度。第四，行事低調。強調成功不必在我，不做過多涉入或彰顯自我的事。因而，行事作風顯得低調而不張揚。第五，使命崇高。因為崇尚自然與天道，認為領導人的使命在於讓利害關係人生活幸福、社會進步，以及使世界更加美好，所以造福鄉梓、富國裕民是重要目標。最後，超越自我。相信所有人都只是宇宙的一小部分，沒有人是完美的，可以掌握所有事，所以需要謙卑，效法自然的無私，並超越自我的限制。對企業組織而言，謙遜領導的作風，可以促使部屬高度發揮個人潛能，彼此互通有無，共存共榮，進而形成共享的企業文化，而可以提升組織效能。因而，有一些人形容謙遜領導者所帶領的組織，就好像是一位天才帶領千千萬萬個天才一般，可以集合眾人之力，眾志成城，發揮更高的效能，貢獻與造福社會。

謙遜領導的文化根源

在華人社會中，謙遜領導顯然與道家自然觀、儒家仁的想法有最為密切的關聯。道家十分重視清靜無為，並具有效法天道的自然意識。自然是指在萬物中，可以看到整體的存在，以及變化消長的過程。這種自然觀特別表現在《周易》的太極思想與衍生而來的道家道的思想上，《周易》是從自然世界中提取元素，由觀察與體驗中尋找規則，提供一種如

何看待問題、解決問題的參考架構，因而對華人一般俗民生活深具影響力。道家的道是指宇宙的本源，具有一種自然的本性，並擁有大公無私、功成不居的特性。所以人要效法天道：「人法地，地法天，天法道，道法自然。」一方面可以隨於自然，一方面也可以進而創造人文世界，發揮人的潛能。

　　相較於道家的自然觀，儒家強調禮教的規範與仁治，認為謙遜是一種美德，是修身有成之君子的待人接物方式，所以《禮記‧樂記》上說：「君子以謙退為禮，以損減為樂。」謙讓是君子適切合宜的行為，他樂於自嘲，卑下自己，這種謙卑的美德，也可以作為效法的模範。相較於其他美德，謙遜更著重行動者的內隱動機，低調而不張揚，就像天的運轉一樣：「天何言哉！四時行焉，草木生焉，天何言哉？」也就是說，既然人從自然中創生而來，是屬於自然的；而其生命變化，也應與自然的變化本質類似，而且自然的動力也是由自然而來，一旦人能夠深入理解自然的本質，就能理解到動態的平衡、和諧的轉化，以及人生的價值，並由此激發人對生命和諧、生活和諧、人際和諧，以及天人和諧的追求。

　　所以，《周易》謙卦上才說：「謙，尊而光，卑而不可踰，君子之終也。」謙卦是由上坤下艮組成的，意為地在山之上，地中有山，所以是內高而外卑，用來描述深諳謙卑的道理是君子的修

錢幣形制蘊含了華人天圓地方的宇宙觀與周易思想

養，他行事低調，不會多加張揚，而且深藏不露，可以顯示其修養的真工夫。所謂「謙，尊而光」，一位處於高位、具備謙遜美德的人，其德行是會更加光明熾盛的；「卑而不可踰」，一位居低位又謙遜的人，則會令人覺得難以超越。由於《周易》的卦象隱含著周而復始、物極必反的核心想法，因此即使某一卦的評論大體上是好的、吉的，但卦中的變化也可能有好有壞，有吉有凶；謙卦是唯一的例外，其六個階段變化（爻）都是吉，代表謙遜美德的難能可貴。

老子的《道德經》則進一步主張謙遜是人能夠持盈保泰的關鍵，並由此發展出柔能克剛的想法，並舉水為例，說明

上善若水

「天下莫柔弱於水，而攻堅強者莫之能勝」，強調水雖然柔弱，但強者卻無法取勝。原因乃在於水能順應萬事萬物，可以順天應人、順地應自然，而且是逐步緩慢改變的，不會有

強制逼迫之感。也因為強調順應，所以不能擁有過多好處，以免遭致怨尤，因而說：「持而盈之，不如其已；揣而銳之，不可長保。金玉滿堂，莫之能守；富貴而驕，自遺其咎。」這種「持盈不如其已」的想法，再進一步發展成為「事成不居功」的想法。所謂「功遂身退，天之道」，立業立功之後退下，是十分自然的。以上種種想法也構成了無為而治的原則：無為，是指不做違反自然的舉動，就像是水能滋養萬物，卻不會改變萬物的形體一樣。所以上位者只要順天應

人，滿足下位者的需要，就能夠發揮治理的功能，且臻於至善。因此才說：「上善若水，水善利萬物而不爭，處眾人之惡，故幾於道。居善地，心善淵，與善仁，言善信，政善治，事善能，動善時。夫唯不爭，故無尤。」顯示水的謙卑與不爭，所以能居於道的境界：無論處於什麼狀況，都可以妥適處理，發揮所長，可以成就；也因為不爭，沒有任何過失，所以不會遭來怨恨敵對。

謙遜領導者的特徵與影響歷程

從以上的論述，可以發現謙遜領導者是具有一些特徵的，這些特徵與堅持信義、仁慈等其他美德的領導者（第六、七堂）並不相同，但也具有很大的影響力，可以影響所有共事的成員自動自發，積極主動地完成工作任務。這些特徵可以歸納為四項，分別為超越超然的自我概念、至公無私的自我犧牲、清晰明澈的自我覺察，以及熟諳侷限的自我成長，並展現出一種道法自然的無為而治的精神。

超越超然的自我概念

謙遜領導者通常認為人是極為渺小的，很少會有人定勝天的想法，因而能夠卑下自己，順應自然，順應人性，而把焦點放在更為廣大的人群身上，而非關注個人的利益。就像許文龍的釣魚哲學所強調的：「大家都有釣到魚，才是最快樂的時候。」面對大自然，因為可以察覺人只是滄海之一粟，就會懂得謙虛不驕傲，且從更寬廣的角度來思考人活著的意

義、組織存在的目的，以及企業的終極使命。也因為對自己的想法或自我概念是十分超脫超然的，接近於無我的狀況，所以能夠從更高的層次與更開闊的眼光來思考事情，而不會受到框限。

至公無私的自我犧牲

面臨抉擇或利益分配時，謙遜領導者極能為人著想，並採取自我犧牲的無私作法，總是將自己的利益擺在最後，以優先滿足部屬或其他人的需求，而可贏得所有人的信任。因此，謙遜的領導者會無私地與部屬共同分享公司的榮耀，建立部屬對組織的認同感，且願意為組織付出、盡心盡力地工作。所謂：「聖人後其身而身先，外其身而身存。非以其無私邪？故能成其私。」謙遜領導者愈講求無私，所得到的回報就愈大；也愈能放大眼光，成就更大的願望與志業。

清澈明晰的自我覺察

謙遜領導者具有高度的自我覺察能力與動機，懂得反思自省，自我審視，瞭解自己的性格、態度、自我信念、價值觀，以及人生目標；也能夠正確評估自己的生活與工作狀況，瞭解自己的長處與缺點。因此，謙遜領導者不會自戀、固執及武斷，而能夠隨時隨地進行自我改變，且在實踐中不斷重新檢視自我，修正與豐富對自身的認識。這種高度而清晰的自我覺察，也使得其在決策、協調，以及衝突管理的解決上，都有極佳的表現，達成任務的機會也比較高。透過領導者的高度自我覺察，亦可以影響部屬成為一個能夠獨立思

考、具有應變能力的員工,能夠自我改善、創造價值,且改變現狀。

熟諳侷限的自我成長

謙遜領導者瞭解有許多事情是超出個人所能夠控制的範圍之外,並體認到每個人都是不完美的,也不是全知全能的,所以可以接受自己的侷限與坦承自己的不足。也因為瞭解自己的短處與盲點,因此,一方面願意察納雅言,聽取他人的批評與回饋;一方面亦能賞識他人,樂於支持部屬,讓他人與部屬能有所成就。他們也不認為承認失敗或具有缺失,是一件丟臉的事,或是會損及領導者的威信,因而樂意承擔決策失敗的風險,且視失敗為學習的機會,並虛心瞭解自己不足的地方,且樂意向他人學習。因而,能夠透過改善而有更大的進步。此外,也因為改革的是自己,而非別人,所以比較容易成功。

當謙遜領導者展現其無私的謙遜領導行為時,會給予部屬更大的賦權,讓每位部屬都能發揮所長來貢獻自己;同時,也會分享各種權力與資源,來協助部屬完成任務;並進而形成共享的組織氣氛與組織文化,上下間彼此都具有類似的共享心智模式與企業願景。進而,能夠群策群力,完成組織目標。也因為謙遜領導者的無私、充分分享權力、資源及訊息,而可以提升部屬對主管的信任,彼此建立互相支持的關係,且能夠激發員工主動積極的動機,自動自發完成工作任務。

事實上,謙遜領導的正面效果,不僅存在於華人社會,也存在於全球各地區與不同文化群之中,顯示其作用可能是

不受文化與情境脈絡影響的。尤其是在當前經營環境愈來愈複雜的狀況下，單憑領導者一己之力，是很難解決問題的。因而，謙遜領導者可能是全球化趨勢下的一種合適領導方式。有一項跨文化研究，比較澳洲、中國、德國、印度、墨西哥，以及美國的這種領導作風，發現當員工認為主管具有利他與無私的領導行為時，會以開放的態度虛心接受批評，並坦承個人缺失；能夠賦權給部屬，使部屬有提升自身能力的機會；勇於冒險、求新求變。而當領導者願意承擔各種責任時，員工對於團隊會較有歸屬感，也會更具有創造力，甚至更願意執行工作要求之外的事，這顯示了，謙遜領導可能具有跨文化的類推性。

　　最近的研究亦認為，謙遜似乎不是與生俱來的特質，而可能是由痛苦或挫折中所獲得的啟發。因此，謙遜領導者是可以透過訓練來培養的，其過程包括：首先，要求領導者需要能夠做到自我覺察，真誠面對自己的長處與短處，傾聽自己真實的聲音；其次，尋找一位謙遜領導者作為典範，當作學習楷模；同時，公開拒斥傲慢與自滿的行為，即使表現十分優異亦然；第三，讓領導者學習從錯誤中學習，接受自己的不完美，也勇於與他人分享自己的弱點；第四，在面對不同的觀點時，要求領導者要能夠心平氣和地與對方交流看法，並避免尖銳對立，爭辯是非對錯；第五，讓領導者自己承認沒有十全十美的解決方案，使別人有機會可以給予建議，也讓部屬有自主思考的機會；最後，可以採用角色扮演的作法，嘗試領導者與部屬互換角色，學習從不同的立場與角度思考問題。以上的作法都有助於培養領導者的謙遜特性。

君子有終，分享共好為上

　　從奇美的案例與謙遜領導的理論分析，可以瞭解領導人的無私與無我實為關鍵，難怪許文龍強調零為無限大，只有虛空自己，才能放大格局，並展現分享共好的哲學，滿足所有利害關係人的需求，共同追求彼此間的福祉。所以，企業所創造的利益，應該分享給員工、客戶、股東、供應商，甚至廣大的社群。以奇美來說，對這些利害關係人而言，都有一些分享的辦法，期望美美與共，創造出互利互惠的關係。以員工而言，寬厚對待，輔導創業，工作上出了問題，一起想辦法解決，而非追究責任。對顧客而言，力行點菜哲學，幫助顧客節省成本；獲利太多，退回利潤；價錢太低，補足差價。並以此類推，而及於股東、社區，以及供應商等等種種利害關係人（如圖8-1所示）。

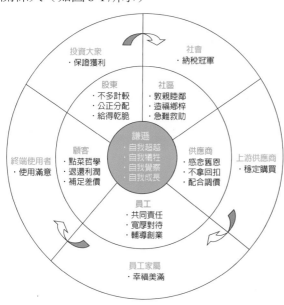

圖8-1　謙遜領導與利害關係人的福祉

　　同時，更進一步由直接利害關係人擴大為間接利害關係人，期望雨露均霑，澤被更多社群，使得員工家屬幸福美滿、終端使用者使用滿意、投資大眾保證獲利、上游供應商穩定購買，也善盡企業公民之重責大任，一方面成為年度納稅冠軍，一方面也創辦醫院，照顧生病大眾；或創辦博物館，提升普羅大眾的生活品質。

　　因為追求共享共好，共存共榮，所以組織內部流行的是自主管理，少有監督控制，卻能夠激發員工自動自發、主動積極的精神。也由於上上下下，協力廠商、客群都能互惠互利，互通有無，所以所有的組織結構與控制機制，都可以由複雜變為簡單，並展現簡易的力量。其實，這種力量是很大的，就像《易經・繫辭》所說的：「易則易知，簡則易從；易知則有親，易從則有功；有親則可久，有功則可大；可久則賢人之德，可大則賢人之業。易簡而天下之理得矣。天下之理得，而成位乎其中矣。」簡單容易，則能夠親近有功，可久可大，無往不利，而能成就大事。

共存共榮的無私分享是幸福企業的特色

對謙遜領導者而言，他非常低調，總是自尊自重，虛空自己，所以一切都非常順遂自然。可是，也因為所有人都遠離災禍苦難，所以看起來反而平平淡淡，沒有什麼精彩的故事好說，但是他所成就的事功與事業，卻要比力挽狂瀾的英雄更大，造福更多的人與社群。這種平凡中的偉大，才是先哲所推崇的：「太上，下知有之；其次，親而譽之；其次，畏之；其次，侮之。信不足也，有不信焉。悠兮，其貴言。功能事遂，百姓皆謂『我自然』。」也就是說，謙遜領導者才是太上領導，雖然十分低調不張揚，平淡無奇，但這種領導才是第一流的領導！

課堂總結

尊重自然，接受自然的浩瀚；虛空個人，瞭解自己的渺小；大公無私，平等對待所有人；以及利益均霑，追求整體利害關係人的幸福，這是謙遜領導者所崇尚的終極價值，並展現在自我超然、自我犧牲、自我清明及自我謙卑的自我概念型塑上，且表現出共存共榮的無私分享行為。因為如此，所以謙遜領導者能夠引領企業組織及其成員上下團結一心，全力以赴，邁向幸福，並更擴而大之，由滿足直接利害關係人的需求，擴展到滿足間接利害關係人的需求，而能澤被更多的人群，且善盡企業公民之社會責任。

進階讀物

關於奇美及其創辦人的傳奇故事，可以參看林佳龍、廖錦桂（2010）：《零與無限大：許文龍幸福學》，臺北早安財經文化出版；以及黃越宏（1996）：《觀念：許文龍和他的奇美王國》，臺北商業周刊出版。

關於周易與道家思想的探討，可以參看王邦雄（2013）：《道家思想經典文論：當代新道家的生命進路》，臺北立緒出版。

至於謙遜領導的意義與內涵，以及實徵研究，可以閱讀以下論文：Ou, A. Y., Tsui, A. S., Kinicki, A. J., Waldman, D.A., Xiao, Z., & Song, L. J.（2014）. Humble chief executive officers' connections to top management team integration and middle managers' responses. *Administrative Science Quarterly, 59*（1），34-72.

第9堂
神聖領導

EADER

神聖領導

後領導時代的真正領導人

遍布全世界的慈濟功德會

這是一位普通人，但活得十分不平凡，只有小學畢業，但卻領導數以百萬計的組織成員，有災難的地方就有他們成員的身影。在其號召之下，救助的全球苦難大眾達千百萬人左右；在其幫助之下，也有許許多多的社會邊緣人重生，重新找回生命的意義。因為貢獻卓著，美國《時代雜誌》（TIME）於 2011 年將她選為全球最具影響力的百大人物之一，成為臺灣經驗最動人的篇章。她雖然足不出臺灣，但影響力卻是無遠弗屆，遍布於全球五大洲之中，慈悲之名光耀寰宇，許許多多的苦難大眾都曾蒙受她的恩澤。她所憑藉的，不是強大的權力，也不是高深的知識，更不是萬貫的財富，而是慈悲喜捨的理念：「無緣之慈、同體之悲」；以及推己及人的胸懷：「急難救助，聞聲救苦。」透過自我的修持，化小愛為大愛，並展現出無與倫比的力量，感召大眾投入，成就偉大的志業。

在這個領導除魅的時代裡，她仍然贏得無比的崇敬，

魅力無窮，的確是後領導除魅時代中的真正領導人。雖然如此，處於後現代的喧囂中，意見總是紛歧，而且「譽之所至，謗亦隨之」，稱讚者很多，但有意見者亦不少。但她總是甘之如飴，如如不動，並強調：「只要是對的事，不管別人是批評或是讚美；支持或是反對，有能力就要去做，不需要受人影響。」並發揮自反而縮，雖千萬人吾往矣的勇氣。她以澄寂明澈之心，經過多年的努力，而成為超凡入聖的理念型領袖，持續帶領一個非營利組織往前邁進，這個組織名滿天下，是臺灣的慈濟功德會。

慈濟功德會的創立

這位領導人是釋證嚴，俗名王錦雲，於 1937 年出生在臺灣中部。15 歲時，母親罹患急性胃穿孔，需要開刀；在那個醫療資源不足的年代，開刀是一件非常危險的事。因而，她發願終身茹素為母消災，折己壽為母添壽。在她的一番孝心與細心照料之下，母親的病逐漸好轉乃至痊癒。自此，她便開始茹素還願。23 歲時，正值壯年的父親突然因病去世，從發病到去世僅僅不到 24 小時，帶給了她莫大的衝擊，並開始認真思考「生從何來，死往何去」的問題，並常常深入佛法教義，期能解惑。不久之後，決定棄俗離家，到臺東郊山帶髮修行，並體悟身為女性，不應只是一位家庭婦女，僅為一個家庭付出，也應該像男性一樣，承擔更多的社會責任，且將善心與愛心推廣到整個社會，甚至是所有的全球眾生。

1963 年，一個巧合的因緣，她拜印順導師為師，導師開示她要記得「為佛教，為眾生」，並取法名為「證嚴」。「為

天主教強調社會實踐

佛教，為眾生」六個字，從此成為釋證嚴的座右銘，並花了一輩子的時間來實踐。後來，有感於臺灣東部醫療資源缺乏，乃興起了濟貧救病的願念。尤其在與三位天主教修女討論之後，更堅定了她的信念。這幾位修女認為佛教教義雖然精深而圓融，但佛教卻沒有真正入世，因而，無法在社會上發揮應有的影響力。相反地，天主教的社會實踐較強，擁有醫院、學校，同時深入臺灣山地，濟貧扶弱，才是對社會真正有幫助的宗教。

於是，她反躬自省，並認為佛教徒基於「為善不欲人知」的想法，常默默行善，但卻不容易凝聚成更大的力量；另外，也因為缺乏有效的組織體系，而難以進行必要的動員與統合。於是，發願先從救人做起，來凝聚眾生的善念，乃成立了「佛教克難慈濟功德會」，並要求所有共修的僧眾皆信守自力更生、不受供養的戒律，且發願以千手千眼觀世音的慈悲精神，來聞聲救苦。

慈濟是指「慈悲為懷，濟世救人」的意思，在設立之初，是以「濟貧解困、救苦救難」為宗旨。當時，臺灣1千2百萬人口當中，仍有130萬處於政府所定義的貧窮線以下，等待援助。於是，慈濟乃開始著手進行許多濟貧的工作，並從同修信眾每人每天多做一雙嬰兒鞋，開始籌湊必要經費；

接著，再發給30位在家信徒一人一個存錢筒，要她們每天到市場買菜時，存進五毛錢。因為每天節省五毛錢來助人，就是每天都在發願培養節約勤儉的心，以及愛人救人的心。於是，「五毛錢也可以救人」的消息不脛而走，參與的人愈來愈多。因為很多人覺得，幫助別人、參與救助，不是有錢人才能做的，只要有心，每個人都可以為社會盡一份心力。慈濟第一個救助的對象，是一位86歲的老婦人，當時慈濟以6千元為她興建一個簡易的房屋，讓她有一個安身立足的地方，並持續送飯給她，為她清理環境，直到她過世安葬為止。證嚴認為：「佛教是理，慈濟是事；藉事顯理，以事啟發，回歸於理，這才是踐行人間佛教的精髓。」

疾病是痛苦的根源

隨著愈來愈多的人投入，慈濟得以幫助更多的人，但在長期的救助經驗中，釋證嚴也獲得一個關鍵性的啟示：「疾病是痛苦的根源，貧窮的由來」，因此除了救濟之外，還必須廣設醫院，將慈善與醫療結合，從根本來終結貧病相因相生的惡性循環。尤其是臺灣東部的醫療資源匱乏與醫療技術水平有限，必須在花蓮建設一家夠水準的醫院，才是解決問題的根本之道。

結合醫療，慈善的種子才能生根茁壯

　　1979年，她正式發起籌建一座綜合醫院的計畫，希望擁有六百張病床。可是，由於需要費用數額龐大，不僅外界不以為然，認為是在痴人說夢，連內部的籌建委員也都毫無信心，認為不可能，而想要放棄。雖然內內外外都不看好，但是釋證嚴率先投入，前山後山、臺灣東部西部來來回回，東奔西走，一方面宣揚慈濟的建院理念，一方面也為會員開示解惑，並號召大眾支持。結果一呼百應，帶動了更多人的投身參與，在大街小巷奔走勸募。

　　最後，終於在政府官員的首肯下，順利取得了土地，而於1983年動土興建醫院。可是，好事多磨，動土後兩個月，卻因國防所需，建院計畫必須喊停。沒了土地，無法興建醫院。為了遵守誠正信實的理念，乃將募款全數退還捐款人。再歷經半年，皇天不負苦心人，又重新取得可以興建醫院的土地，因而在1984年，終於舉行了第二次的動土典禮。可是，她仍然擔心經費會十分拮据，杯水車薪。

　　當時，有位出生在花蓮的日本佛教徒，創業有成，願意提供2億美元的資金來建院，所有的委員得知後都很高興，但她卻婉拒了，並強調：首先，建院預估只要8億臺幣，但卻接受80億的捐款，那麼就只要坐著不做事，就可以將醫院蓋起來。可是，好事僅由一個人做，無法啟發與帶動大眾的愛心。為了讓人人都有機會發揮善念，耕耘福田，寧可讓眾人捐出50元、100元，隨分隨力地聚沙成塔。其次，社會大眾普遍認為出家眾只是專責為人誦經、消災祈福，以及在人往生後誦「腳尾經」（渡亡經），藉由建院，可以匯聚佛教徒的愛，打破大眾既有的刻板印象，瞭解佛教也能實際幫

助別人。第三，慈濟好不
容易在政府的幫助下，才
突破重重難關、爭取到建
院土地，若收下捐款，將
來院務運作難保不會受到
干預，辜負政府所做的一
切。最後，這家醫院具備

耕耘福田，人人有機會

人文的特色，需要很多人投入愛心與關心，才能使醫院靈活
自如地發揮救人的功能，錢其實只是其中一部分而已。於
是，她婉拒了大筆捐款的善心，並積極宣揚花東需要醫院，
佛教信徒也可以蓋醫院，讓更多人認同此一理念，而願意挺
身而出。終於在1986年，慈濟綜合醫院正式落成，成為臺灣
東部地區最具現代化功能的醫院。

慈濟四大志業

　　從慈善跨入了醫療，雖然硬體都已經建設完畢，但是臺
灣東部因為地處邊陲，很少有專業的醫護人員願意到花蓮服
務。因此，她接著選定了教育作為積極投入的方向。由於臺
灣多數學校過於偏重智育的培養，而忽略了德育，因此，品
格與倫理素養低落，造成許多社會問題。為了培養具有道德
素養的專業人員，也為了解決花東原住民子女的教育與就業
問題，因而成立了佛教慈濟護理專科學校，成為第一間提供
公費制度的私立學校，讓原住民學生學雜費全免；又成立了
慈濟醫學院，以及中學、小學及幼兒園，打算從基本的扎根
教育做起，直到大學，成為一條龍連貫的教育體系。

接著,又想慈善是根、醫療是幹、教育是枝椏,而人文則是接收雨露的樹葉。前三者都屬於正式的教育體系,而人文則有賴非正式的教育管道。前者嘉惠的是莘莘學子,人數較少;而後者的對象是占了社會多數的成年人,他們也需要一個終身教育的管道,以淨化他們的心靈。其中,透過出版與媒體,可以讓廣泛的社會大眾有機會接觸到佛法的觀念,並落實人間佛教的想法。於是,她從教育再轉進人文,而創辦了《慈濟月刊》,進而出版更多的書籍、月刊及雜誌;並開播電視媒體,以關懷社會與尊重生命為理念,致力傳遞真善美的訊息。

在臺灣耕耘有成,濟助大眾脫離疾病之後,又將對悲苦的照顧擴大到海外,就像早期許多歐美天主教傳教士到臺灣偏遠鄉鎮默默行善的義舉一樣。可是,其海外援助的重點,並非不斷地提供資源,而是引入外界資源,進而帶動當地的發展,來自給自足,甚至有能力去幫助下一個需要幫忙的地區。透過慈善、醫療、教育及人文四大志業,慈濟形成一張組織嚴密、愛心強大的人間佛教體系網,在全球五十個國家有將近一千萬名的會員,且對超過七十個國家的大眾提供人道救援,並獲得國內外各種組織與團體的認可。證嚴曾說:

海外援助是先帶動當地自給自足,再推己及人

「天下事不是一個人做的，也不是一時做的，而是大家共同成就的。」因此，是一個人接一個人，一代接一代共同付出的，而將所有慈濟的榮耀歸功於每一位誠心付出的慈濟人。

證嚴的領導風格

慈濟的運作，除了以宗教信念與教義為依據之外，有很大的一部分是依靠證嚴的領導，才得以建立慈濟完善的運作系統。相較於一般的企業組織，慈濟是一個自願性的宗教組織，其成員大多是志工，成員與領導人之間並沒有任何法定義務與利益關聯，那麼究竟是透過何種力量，竟然能夠號召那麼多人投入，無私付出，成就如此大的力量？不同於一般領導人慣用的獎賞、處罰、知識，以及法制等等的影響方式，她是透過直接互動開示與間接的理念傳遞，來獲得跟隨者的高度認同與信服，並在跟隨者心中烙下超越世俗且不可撼動的神聖形象，給予完全的崇敬與信從。抽絲剝繭，仔細分析，她的領導風格具有以下幾項鮮明的色彩。

首先，從許多生活小事件可以看出，證嚴對於道德戒律的自我修養與修鍊極為嚴謹，完全沒有一絲一毫的模糊空間，不論外在的環境多艱困，都沒有妥協的餘地。當代人對慈濟的印象多半是認為這個組織「資源豐沛、人脈廣闊」。但追溯過往，慈濟其實是在一間小木屋裡創立的，當時幾乎是一貧如洗，一無所有，但卻矢志「不化緣、不做法會」，至今仍然如此。剛出家時，證嚴在花蓮普明寺後的旱田耕作維生，有時候因為作物收成欠佳，她與三位弟子一天的菜色只有一塊豆腐。四人都需要充飢，沒辦法，只得把豆腐切成四

小塊大家分食，再沾些薄鹽配飯吃。晚上則擠在兩個榻榻米大的床上，以臥如彎弓般的睡姿入眠。即使日子實在是過不了了，仍然堅持既有的理想，而做些小工藝品來取得生活所需，例如編織毛衣、縫製嬰兒鞋、編織手套等來度日。她對修行的堅定信念，也對追隨者產生了莫大的鼓勵與啟發。

即使開辦慈濟功德會之後，情況有了改善，但對慈悲理想的堅持，仍然一本初衷，沒有任何改變。有一個故事生動地揭示了這種對入世苦行的堅持：慈濟創立之前，有一位善心人士送了一斗米想要供養她們，但隨即遭到證嚴的婉拒，並告誡大家：生活開銷應該要自力更生，不要接受別人的供養，並指示出家眾將米做妥善的安排。結果信眾卻發現，米已被一位出家眾倒進了米缸。信眾十分驚訝，難以理解為什麼師父人前說一套，人後做一套呢？正狐疑著，出家眾已交代會計：「將倒進米缸的米，按市價存入功德款」，他才恍然大悟，證嚴是公私分明的，對於自己的以小人之心度君子之腹，他感到相當慚愧，並願意追隨證嚴，直到現在。目前，慈濟已經發展地更加蓬勃，規模更大，但證嚴與精舍的出家眾仍然秉持「一日不做，一日不食」的清修規範，將小工作坊當成道場，一邊生活一邊修行，將功德會與精舍的用度完全分開，彼此分得清清楚楚，任何一筆善款都不會挪用來做出家師父的開銷。

其次，證嚴創辦慈濟的目的，並非是為了個人的名聞利養，而是為了喚起社會的良心，因而其領導風格具有高度的使命感，並充滿著無我的精神。早在出家時，她就一直在想：「佛陀出生在人間是為了救世，但是要怎麼做，才是救世

呢?」思考再三,發現救世的重點應該是要救心。如果人的心都淨化了,就會互相敬愛;如果人人心中都有一把道德的圓規,社會就會更加祥和。尤其是處在這種人慾橫流的時代,真理正法已經不住在人心,道德觀念低落,即使每個人都有一些善心,但善惡都在心中拉拉扯扯,如果善念比惡念再強一點,就可以讓世界更加美好。

由於「眾生共業」,所以改變的重點不是個人能力的高下與修為的高低,而是一個人能夠影響到多少人。因此,從菜市場開始,宣導每個人每天存五毛錢救人的觀念,再透過人際的影響力,匯聚成一股更大力

效法菩薩無我的精神,培養利他善念

量,眾志成城。這也是日後所有慈濟人所津津樂道的「竹筒歲月」。在當時,其實五毛錢是很小很小的金額,整個菜市場加起來的金額也沒有很多,但證嚴卻認為,重點不在於金額大小,而是每個人每天都可以種下一個善念。只要是做對的事,就是善行,而可以逐漸擴大影響範圍,聚沙成塔。她也不把自己定位成一個領導者,反而比較像是一個發起人或助緣者的角色,強調這些善行本來就存在於社會當中,只是分散了,太弱了,以致無法產生實質的影響力。她只是集合社會原本就存在的力量,投注在社會弱勢群體的關懷上,並藉此喚醒更多的人投入,進而產生正向的循環。她不但是一位無我的領導者,更是一位虛位卻具有無比影響力的領導人。

　　第三，她的心中總是存在著清楚的願景，或是擁有宏大的志向，且對於落實願景與志向具有堅定的信念。當她在公開場合首次提及蓋醫院的想法時，幾乎每位出家眾都堅決反對，連當時捐獻善款給慈濟的股實信眾，都認為不妥。散會後，這些為善不欲人知的、默默支持慈濟的信眾，立刻去見她，表示群體的不同看法，認為蓋大醫院可能性不高，只要蓋小醫院即可：「蓋醫院雖然不容易，但是蓋個幾十坪或上百坪，找幾位醫生，有一點小小規模，應該不算太難。」沒想到證嚴聽完，便語氣堅定的說：「這可不是一間兩、三位醫生的診所呀！要蓋，就要蓋一間像臺大、榮總一般、功能齊全的大型醫院。」在場的人聽了，更是大吃一驚，但也不禁佩服她過人的勇氣。雖然如此，大家還是覺得，即使蓋醫院是好事，但也必須量力而為，較容易成功。而且，醫院是專業性的機構，可不是幾位出家眾與在家眾能夠經營的；何況，所需要的人力與物力實在十分龐大，恐怕難以負擔，不如專心做好濟貧志業，豈不是更好？再說，勸募不易，五年那麼長的時間也只能募到一點錢，只有預算的一點點，杯水車薪，怎麼可能完成如此艱難的任務呢？

　　面對這些振振有詞的反對意見，她都不為所動，還開導大家說：「萬里長城也是從一塊磚頭開始，只要相信自己的無私無我，人間有愛，憑藉著誠、正、信、實的原則，就可以說服別人相信這件事是值得做的……何況困難的事我們不做，誰來做呢？既然決定要做，就不能再想『困難』這兩個字了。」於是自己帶頭去宣導慈濟蓋醫院的理念，終於在七年之後蓋成了慈濟醫院。如今回首當年，那時若因為反對，

或畏懼困難，而放棄原先計畫，則東臺灣永遠是缺乏醫療資源的。領導人發大願、做大事，並堅持到底直到實現，其過程雖然艱辛，但這種不同流俗的作法，卻贏得了更多人的佩服，且擁有更多的領袖魅力，吸引更多人追隨，並加入支持行列。

最後，她對於許多事件的觀察與思考都相當地深刻睿智，因此往往能夠看穿現象的本質，並從中參悟道理；再適時提點信眾，以啟迪智慧，促進心靈之成長。神聖領導者亦往往有一些神蹟軼事的傳說，而可以強化追隨者的崇拜信念。例如：在花蓮慈濟醫院完工的前一天，許多信眾都回到了精舍。當天清晨，天空飄著濛濛細雨，一切顯得格外的素淨。後來雨停了，天邊顯現兩朵飄動的浮雲，並緩緩靠攏在精舍的正上方，形成彷若蓮花般的形狀；幾道陽光忽然由雲後照射出來，為四周花瓣鑲出金邊，並直射精舍。許多人嘖嘖稱奇，認為不但是個好兆頭，而且頗不可思議。可是，聽

神蹟軼事常能強化追隨者的崇敬

到信眾繪聲繪影「奇景」的證嚴，卻一笑置之，態度十分平淡：「這只不過是巧合罷了，各位拍的照片實在是不必洗了，更不應該當成寶貝似地四處流傳。」接著，更語重心長地說：「希望大家加入慈濟，是認同理念，而不是認為有什麼神通啊！」事實上，她解釋的很清楚：所謂神通，就是精神統一，萬事皆通。所以慈濟的神通就是專注力與意志力。這些啟迪智慧的生活小故事不勝枚舉，往往都能夠一語道破人們思考的盲點，激發跟隨者深思。

從上面的描述與分析，可以發現案例所顯現的領導風格，與傳統所理解的領導模式頗不相同。這種領導作風似乎不太常見，但其所發揮的影響力卻是十分巨大的，而且無遠弗屆；更令人驚訝的是追隨者給予領導者完全的信任，絲毫沒有一絲懷疑，甚至崇拜到無以復加，且願意拋棄一般世俗所追求的名聲與利益，全心投入其所倡導的任務與使命，共同成就一番志業。究竟這種具有高度神聖特性的領導模式是什麼？為何能夠發揮這麼大的影響力？原因何在？其內涵為何？如何發揮效果？這些問題都值得探討。

神聖領導是什麼

顯然地，神聖領導者的影響力來源，並非是依靠外在的法制規章、社會交換關係，以及工具性的獎懲，而是透過個人不斷地自我要求與精進修養，並推己及人，一方面解決追隨者疑惑，一方面成就更大志業，形成一種獨特的人格魅力；再藉由這種魅力的感召，引發追隨者心悅誠服式的跟

隨，進而滋長出崇拜之心與景仰行為。這種影響力雖然類似社會學者韋伯所提的「克理斯瑪」（charismatic）特性，可是神聖領導者的魅力，並非來自於全真全能上帝的恩賜給予，而是透過個人的修行或修鍊而來的領悟與感通，或是因此而滋生的人生智慧；並藉由智慧的啟迪與心靈的提升，來影響與感召追隨者。

因而神聖領導是一種雙階段的過程，首先基於領導者的苦心孤詣、感通而來的清淨寡慾、無我無私，以及濟世的胸懷；進而，感召部屬主動追隨，願意一起共同成就志業。神聖領導者的高尚品格與行為往往會受到追隨者的推崇，並成為吸引部屬依附的個人魅力。例如：部屬會認同領導者的慈悲為懷、無私奉獻、自力更生，以及以身作則的特色，並在人際互動中促進覺悟，提升心靈境界，因而，頗能贏得部屬的景仰與崇拜。其次，此類領導者會立下志向，號召部屬共同完成設定之目標；至於領導者個人的利生助人理念，則會成為組織價值或組織文化的來源，透過價值教化，每位追隨者會將之逐漸內化，並以臻於神聖或止於至善為終極目標。因而，領導者與部屬之間會形成穩固與長久的教導與點化關係，就像師父與信徒的緊密關係一般，並由此增長追隨者的心靈智慧，一方面消除人生煩惱，一方面提升精神自我。

歸納目前的研究結果，可以發現神聖領導者具有幾項重要的特色：首先，神聖領導者對於自己具有高度的道德要求，並能夠在各種困難的狀況下，堅守自己行善利他的立場；其次，內修外濟、內聖外王，領導者的內在修養與圓滿會由內轉而向外，期望社會更加美好，因而對社會的發展

具有高度的使命感與無私的奉獻精神，並以改善社會現狀作為個人的志業；第三，為了實踐對社會關懷的終極目的，領導者懷抱有遠大的理想，且能夠勾勒出清楚的願景，並透過身體力行的方式，來展現堅強的意志，再引發追隨者的共鳴與認同；最後，為了完成願景中的理想，他們具有超然的智慧，能夠在適當的時間提點追隨者，觀機逗教，啟迪追隨者的智慧，並淨化其心靈，以提升生命的意義；同時，努力投入實踐，共同完成志業的使命。

在神聖領導者的高度道德要求方面，則與人類的精神修為或宗教體驗有極大的關聯。當個人修為到某一個程度，而與所認定的神聖莊嚴互有感通與體悟時，即可提升至終極的精神境界。這種形而上的內在價值體系，包含思想觀念與情感體驗，在華人社會常是由佛法教義、道家經典及儒家教化所發展出來的修行體系。神聖領導者在自身經驗的引導下，產生了某些靈性缺口，進而開始探尋生命的意義與價值。當個人逐漸體悟宗教（含儒教）形而上的抽象價值觀之後，一方面會更進一步向內探索自我，追求個人靈性的躍進性成長；一方面則會對外進行社會實踐，以擴大價值觀的類推範圍，期體現人生的存在意義。也就是說，靈性探索除了向內之外，在大乘佛法與華人社會之仁愛利他的價值理念影響下，也會成為關心社會的基本動力。

是故，神聖領導者對於社會需求具有極高的敏感度，他們以群眾的福祉為己任，將權力視為是一種責任，獲取權力之目的在於創造社會更廣大的福祉，而非滿足個人的私慾。因此，神聖領導者通常是因為關心更廣大社會或群眾的

福祉，而受到群眾認可，並進一步取得領導的正當性，成為一位能夠凝聚群眾力量的名義領導人。對比於過往的許多領導模式，這種模式是十分不同的。一般的領導

神聖領導者可以帶領組織擴大規模

通常是先取得了某些正式法制或獎懲等各種權力之後，才開始發揮其影響力，帶領正式編制內的部屬完成目標；但神聖領導者卻是在沒有任何權力與資源的情況下，為了滿足大眾與社會的需要，就開始踐行理想，且透過自身的要求與使命感，讓隱性的領導影響力在不知不覺中發展，再逐漸向外擴散，影響周遭的人，進而號召或吸引更多具有相同理念的人，形成一個具有高度凝聚力與使命感的團體。

　　個人的無怨無求，再加上對於他人的需求高度敏感，都會使得神聖領導者將自己存有的角色不斷縮小，甚至虛化，而能夠以一種更為開闊、公正的角度對群眾與社會需求做出回應，並勾勒出更宏觀、長遠的美好願景。此外，亦有能力向跟隨者清楚說明要如何實踐，才能達成目標，進而啟發跟隨者願意改變的動機。面對一個複雜的問題時，能夠用直指人心的訊息，迅速釐清問題的本質，為群體創造一個可以想像的未來意象與願景，以作為具體策略擬定的依據；再透過高度的溝通能力，以語言與符號來喚起跟隨者的跟隨動機，

並獲得其承諾。因此，追隨者的思維能夠從注重具體、短期的效益，轉移至較為抽象與長期的目標，且透過動員眾人之力，來完成一件看似不可能完成的任務。

為了改善現狀，使社會達到願景中的理想狀態，神聖領導者相當重視如何改變他人的思維與人生價值，其可能步驟與過程又是如何呢？由於神聖領導者之所以能夠改變他人的核心思想與價值，乃基於自身已經經過高度內省，而擁有人生智慧。憑藉著高度的內在體察能力，針對不同追隨者的特性，給予因材施教的引導與提點，適時提供個人所需的學習與省思。當然，這種指點並非僅限於工作目標與工作方法等的狹窄範圍，而是含括更多、更廣的關於人生經驗、生命智慧，甚至是靈性潛能的開發與成長。尤其在華人社群或是佛法教義上，要使個人靈性有長足的發展，跟隨一位有修養、實修實行的領導者或是上師是極為關鍵的。

換言之，在華人的文化傳統中，世界並不是由外在的客觀且片段的知識所建構的，而是強調個人的內觀與自

神聖領導者能高度覺察，擁有人生智慧

省，藉由個體親身實踐的主觀感受與自覺，來形成所謂的生命智慧。也因為內省、默會的經驗智慧來自於個人獨特生命經驗的體悟，必然難以訴諸語言或文字的理解，或是其他種種外在知識的學習。因此，尋求悟道的前輩或明師指點，乃成為追求此類智慧的必要途徑。

總之，神聖領導者是一種透過由內而外的自我修身歷程，獲得自我體悟與生命智慧，再發揮個人影響力來感召追隨者，凝聚集體力量，成就社會福祉的一種領導模式。也因為神聖領導者的目標，往往與社會大眾的福祉有關，因而神聖領導的跟隨者，能夠在這一過程中獲得一種超越的經驗：透過服務他人，瞭解生命的意義與目的，以滿足個人高層次的靈性需求。進而，再擴大影響範圍，逐步發揮更大的影響力，正如同水中的漣漪激盪而出一般，層層外推，而展現無遠弗屆的力量。

神聖領導的影響歷程

神聖領導者在經歷過透徹的修行體悟之後，便可達到某種超越與莊嚴的狀態，因而，其根據生命經驗所給出的教導與指引，亦具有相當程度的權威性，而成為跟隨者所皈依或崇拜的對象，願意歡喜地堅信領導者，全面而喜悅地給予信賴，這是神聖領導者能夠發揮影響力的重要理由。對追隨者而言，神聖領導者通常具有高度的魅力，其來源則是因為領導者的寡慾無我的清修儉樸生活、高度的道德展現與善行，以及克服困難、化不可能為可能的堅忍毅力，而使得追隨者

可以獲得充滿智慧或體悟性的開導，並提升生命的意義。這種開導也含括了神聖領導的志業實踐，他把自己的生命與利益置之度外，並堅持為了黎民眾生而活，且提倡淨化人心的慈悲行動，而能將追求的目標神聖化。

透過個人魅力與超越的智慧，神聖領導者得以對追隨者產生身、心、靈的全面啟發，以及內部轉化，這樣的過程，使得領導者及其種種作為，成為跟隨者之自我的一部分，而提高彼此間的價值契合，使兩人成為緊密相依的生命夥伴。在跟隨者心目中，會將神聖領導者視為是再生父母或是啟蒙老師，其關係之緊密，甚至超越親子關係，或是有過之而無不及。在一項調查中發現，神聖領導者與部屬的緊密關係，頗類似佛陀與信眾的關係，遠遠凌駕於親子、母女等俗世的至親關係之上。也就是說，領導者與部屬彼此間雖是具有教與學、上與下的關係，但卻是相當親近的；同時，追隨者會對領導者有高度揭露與依存，期望透過領導者的開導來啟迪智慧。因而，這樣的關係並非來自於組織脈絡中的強制性角色關係，或是法定上的正式關係，而是個體經過長期性的接觸與觀察，並在認同與服膺領導者的理念與行為之後，發自內心的主動跟隨過程。追隨者能從此過程中獲得心靈上的安定感受，且在面對挑戰與困難時，擁有無比的信心。因而，一旦建立了緊密關係之後，神聖領導者便可以在某些關鍵的時間點上進行提點，激發追隨者的善根，起性化偽，進行內在轉化，並體悟人生的意義。因此，神聖領導是一種強調「領導者與追隨者互動」的人際教化與學習模式，個體的內在靈性在神聖領導者的啟迪下不斷提升，並表現在個人內在

的自覺與醒悟上，進而能夠真心誠意、發自內心地助人與行善，成就宏大事業。

　　另一個神聖領導的影響歷程則是來自於追隨者具體實踐中的體悟。神聖領導相當強調對於追隨者的智慧啟迪與靈性提升，但是這種教化與知識傳授並不相同。知識傳遞可以透過語言與文字來表達未知的新事物，可是智慧的啟發通常必須透過具體的實際行動來作為媒介。也就是說，唯有藉由具象事物的踐行，方可喚醒內在的真我；也唯有學習者實際參與其中，才能有最為深刻的覺知。因此，神聖領導者能夠貼近追隨者的生命故事，或是有近距離的接觸，且透過實際的案例，瞭解追隨者的生活當下與生命的基本價值，給予智慧性的提點，讓追隨者茅塞頓開。一旦獲得神聖性的體悟，則部屬就可以獲得「與萬物合一」的感覺，能活在宇宙的生命當中，與大自然合一。然而，由於靈性的激發是需要個人的自覺、內省，以及轉化，才能有所成就，因此，個人的自覺、反思能力及修為，將是影響追隨者能否瞭解神聖領導者智慧的重要因素。

靈性的激發需要個人的自覺、內省及轉化

　　神聖領導者也具有非凡的洞察力，能夠看穿看似平凡或細微事物背後所隱藏的本質意義；同時，愈是一般流俗眼光所未能窺探之奧祕，愈是其所著重的與企圖啟發的智慧。因此對跟隨者而言，在心理上，常會感受到極大的震撼，或是覺得不可思議。此外，在啟發追隨者的過程中，領導者不會明示什麼是「最佳的答案」，或是「正確的答案」，因為這些判斷與答案必須在身體力行中細細體會，才能從中獲得體悟。透過此一過程，神聖領導者能夠將追隨者的理想與人生價值往更高的層次推進，並邁向神聖莊嚴，於是追隨者有更大意願去實踐篤行，認為這些工作正是自己的天職與志業。

　　總之，神聖領導者首先透過自我修鍊，達到一種類似天人合一之「去人欲，存天理」的開悟境界，完成自我的轉化；接著再由內向外轉化，樹立淑國裕民的志向與目標，吸引與感召信眾歸附皈依，共同成就事業。同時，亦隨時因勢利導，變換部屬的氣質，使之提升智慧，並體悟與洞澈人生之止於至善的價值。

神聖領導的實踐

　　從證嚴創立慈濟至今，已歷經了半個世紀，當年一句「為佛教、為眾生」，成就了一間規模宏大的慈善型非營利組織，到處伸出援手，解溺於倒懸，而成為穩定社會的一股重要力量，也成為臺灣這片土地上的一處動人風景。如今，慈濟從一個地方性的宗教團體，已發展成跨國的宗教組織，在全球五十個國家有將近一千萬名的會員，對超過七十個國

家提供人道救援。很難想像，這是由一個落腳於東臺灣的瘦弱女子一手撐起的世界。創立慈濟之初，證嚴亦發願，集合五百人就是一尊千手千眼觀世音的精神，建立一個菩薩網，處處聞聲救苦。可是，證嚴從沒有離開過臺灣，每天早上會與不同國家、地區的全球支會進行視訊會報，跟隨世界各地的慈濟人一起踐行慈悲喜捨的志業，使各地的苦難黑暗得以照亮，重獲光明。

　　證嚴與慈濟功德會的出現，對於傳統的臺灣佛教團體與其他慈善組織而言，是一個嶄新的轉變。因為它比傳統佛教團體更加強調社會實踐的重要性，也比其他慈善組織的業務範圍更加多元，同時不僅以慈善、助人為基本的團體要求，更是一個修正品格、鍛鍊心志、培養智慧的以「修行」為主的「道場」，而落實了人間佛教的理念。慈濟的誕生與茁壯是證嚴個人理想的實現，也是根植佛法教義或聞聲救苦理念的

人間佛教的使命乃在發揮人溺己溺的精神

具體呈現，或許也多少與儒家之忠孝節義、內聖外王的理念有些關聯。對跟隨者而言，有不少人是因為在人生中有一些無法解決的疑問或危機，而造成靈性需求的缺口，因而與慈濟結緣。接觸到證嚴以後，則由於不斷接受來自神聖領導者的智慧啟迪與慈悲洗禮，進而促使追隨者的人生與思維發生全方位的改變。於是，對事物價值的解讀迥異於以往，並進行生命意義的探討，以實現人生的終極目標。

受到資本主義的巨大影響，當代的社會變得愈來愈功利，工具理性儼然是主要的支配力量，因而領導模式的建立，也常是以提高產能與績效等等的效能為判準，反倒忽略了更為重要的生命價值標準。因而，證嚴就像是一個為忙忙碌碌的現代人，拂去內心塵埃的智者；她從一些簡單的言詞來敘說真理，並從不同流俗的眼光來提示追隨者，以映照出真理的樣貌與眾生的苦痛。進而讓追隨者在追求靈性價值的過程，能夠明辨真理，更貼近生命的價值。這種回歸生命核心意義的領導方式，不但能給部屬醍醐灌頂式的啟發，也確實為現有的領導理論提供了另一種可能的想像空間與研究進路。

曾有人問證嚴：「您是如何觀看這個世界的呢？」她的回答是：「打個比方，一般人看世界、看一花一草時，是把它放在一張白紙上看；但真正的觀者，是把它放在玻璃上觀賞的。因為，白紙上的一花一草都是獨立的，沒有生命的。看不到身後的環境、身前的因緣；若把花放在玻璃上看，一切是透明的，不只看到花，也看到背景、看到天地萬物間的關聯，處處透露著因緣與生趣。如此，花草便不只是一朵一

株單獨的花草而已。」也許就是這種開闊深邃的眼光，才能夠看得更廣、望得更深，即使受到許許多多世俗的攻訐與責難，她也甘之如飴，不多辯解，展現了「善者不辯，知者不搏，聖人不積」的特色；並仍然明辨公私，自力更生，堅持做對的事，來成就志業，期讓自己的修鍊與教化更加圓滿，也使得芸芸眾生有一個安身立命之處。準此而言，她的確是一位名正言順、不折不扣的後領導時代的真正領導人。

課堂總結

　　透過自我修持，獲得濟世之體悟；並化小愛為大愛，感召大眾投入，一方面共同成就偉大的事業，一方面使大眾對人生與生命有更超越的覺察，這是神聖領導人的非凡之處。這種領導人對部屬的影響，並非是依賴強大的權力，也不是高深的知識，更不是工具性的財富，而是慈悲助人的終極價值。透過價值理念而衍生出神聖化的宏遠志業，並號召追隨者投入與獻身，進而啟迪智慧，圓滿行善利他的個我人生目標；同時，達成改善社會、淑世裕民的組織目標。

進階讀物

　　有關華人文化傳統的修身與絜矩之道，如何轉化與擴充為治國的道理，可以參見余英時（2004）：《宋明理學與政治文化》中的一章——〈試說儒家的整體規劃〉，臺北允晨文化出版；或是黃俊傑（2013）：〈東亞儒家修身理論的核心概念〉，《東亞視域中的「自我」與「個人」國際學術研討會》，臺北國立臺灣大學。

　　若想要進一步獲得神聖領導與臺灣宗教發展的相關資訊，可以參考余光弘（1982）：〈臺灣地區民間宗教的發展——寺廟調查資料之分析〉，《中央研究院民族學研究所集刊》，53 期，67-103。

　　有關宗教領導人與信徒之互動過程的詳細資訊，可以參考鄭弘岳（2007）：〈宗教皈信歷程的實證探討——以佛教信徒為例〉，《玄奘佛學研究》，8 期，75-112。至於佛法與組織領導的可能關係，則可以參見 McManus, R. M. & Perruci, G.（2015）. Leadership in a Buddhist cultural context. In *Understanding leadership: An arts and humanities perspectives.* （pp.164-184, Chapter 10）New York: Routledge.

第 **10** 堂

結語：華人之道

EADER

結語：華人之道

華人領導研究的啟示

對領導的全球知識體系而言，立基於華人社會的研究成果，究竟具有何種開創、增補或貢獻之處？這是本土研究者需要回答的問題，也是研究者希冀達成的目標之一。基本

華人文化講求自我修養

上，由於華人文化講求個人的內向超越，而與西方文化之外在超越並不相同；而且己立立人的自我修養觀，也與具攻擊性的權力意志觀有所差距。

因此，從華人的文化傳統與背景下手，瞭解文化價值與領導的關係，應該可以開闢出一條不同以往的嶄新研究路線，並可發現現行文獻未多著墨，為人忽略的有效領導作法。這種作法可能具有文化特殊性，只存在於華人社會當中，而不容易移植或模仿；但也可能具有全球普遍性，而可放諸四海皆準。也就是說，華人的文化價值，有些是獨特的，只存在於華人社會當中；但也有一些是具有普世意義的，不只存在

於華人社會，也存在於其他的人類社會當中。因而，由華人社會所發想或創造出來的知識，雖然具有地方特色（local knowledge），但卻可能也具有全球重要性（with global significance），而能對全球的知識體系有所增益。那麼，過往的華人領導研究究竟提供了何種真知灼見，而可對全球性的領導知識有所貢獻？針對此一問題，可以透過以下兩個膾炙人口的案例來加以回答，一個是紐約法國餐廳廚師長的故事，一個則是美國大學籃球教練的傳奇。

紐約廚師長的領導秘訣

邁入千禧年之後，一位美國大廚出版了一本書，叫做《廚房的機密檔案》（Kitchen Confidential），因為書寫細膩生動，頗獲得讀者青睞，一時洛陽紙貴。這本書是以自傳體的方式鋪陳作者成為大廚的過程與種種經歷，也詳述了餐廳廚房團隊的領導與管理。他率先打開廚房大門，使得外面用餐的人得以瞭解爐火旁邊許多不為人知的世界，一方面展示了行政主廚如何建立優秀的烹飪團隊，一方面則陳述如何領導團隊，即時滿足饕客的味蕾，以長期擄獲顧客的芳心。由於所運用的領導作法令人驚艷，也對辦公室與工廠等等的工作場所多有啟發，因此，《哈佛管理評論》

廚房能否端出美味，攸關廚師領導

（Harvard Business Review, HBR）的編輯對他的故事大感興趣，乃於2002年訪談了這位暢銷書的作者。這位作者名氣很大，是紐約法國餐廳Les Halles的廚師長安東尼‧波登（Anthony Bourdain），訪談後寫成一篇文章：〈爐邊管理〉（management by fire），刊登在《哈佛管理評論》上。文章的主要內容乃在回答編輯的疑惑：為何波登的「另類」領導作風能夠在爐火邊打造出一個優秀的團隊？原因何在？

為什麼叫做另類？因為這不是美國一般領導人的作法：最令HBR編輯百思不解的是，當代企業在組織再造的趨勢下，結構愈來愈扁平，工作者愈來愈自主；而在全球化的風潮下，員工的來源愈來愈多元化，文化價值愈來愈紛歧。因而，領導人也愈來愈講求權力下授，並以自我實現的作法來激勵部屬。然而，這位廚師長卻反其道而行，採用「命令與控制」的傳統法則，組織層級清晰、權力分明、紀律森嚴；員工必須嚴格遵守行為準則，沒有討價還價的餘地。對熟悉當代領導理論的哈佛主編而言，這種老掉牙的作法不但不合時宜，而且令人嗤之以鼻。尤其是這種領導方法的效果，更令人懷疑。可是，擺在眼前的事實是，這個團隊的表現極為優異，不但餐飲品質很好，出餐效率奇高；而且每位成員的向心力極強，對團隊具有頗高的忠誠度，對廚師長波登也相當愛戴。為何實際與想像差距如此之大？針對編輯的種種疑問，廚師長都知無不言，言無不盡，坦白以告，指點迷津。

他認為作為一位廚房領導人，必須能夠以身作則。因為每位廚師心裡都希望廚師長比他們早來，比他們晚走；工作至少與他們一樣賣力，甚至有過之而無不及；廚師會的，

廚師長也應該都要會；要與廚師同甘共苦，有福共享，有難同當。所以，彼此之間能夠滋長出憂患與共的親密感情。他也必須讓部屬知道，廚師長是很在乎他們的，不但會關心他們，而且也會把他們照顧的無微不至。除了廚房的工作之外，也要關心他們的個人私事與日常生活；要給他們撐腰，提供支持。如果其他部門的人，對他們有意見，也不能越過這裡就直接對他們大小聲，即使是老闆也一樣。

在廚房裡，他就是唯一的一位領導人，沒有第二位上司，所有的事都由他做決定，發號施令。一旦出了事，他會一肩扛起，再告訴大家應該怎麼做。如果有人要批評手下，或給予什麼指教，那麼一定得先讓他知道；如果廚房出了紕漏，他也絕對不會去怪罪其他人，不管當時他是否在場。理由很簡單，因為是領導人把工作交給部屬的，如果他們搞砸了，就是領導人的錯，廚師長必須以絕對的忠誠去回報部屬的忠誠。對新進的員工，會告訴他們什麼是對的，什麼是錯的，什麼行為無法容忍：像遲到、心不在焉地把食物灑了出來，都是令人抓狂的。發生這種事情，就代表是在給領導人難堪，給同事添加麻煩，因為大家都要幫他收拾殘局；這種低劣表現更會讓推薦的人臉面無光，覺得推薦錯人了，實在對不起餐廳。相反地，如果新進人員表現很好，大家都會覺得很開心，也能給推薦的人增添光彩。

為了發揮團隊效能，樹立規矩典範，強化服從的意識是很重要的，其中準時上班是最主要的要求之一，遲到個一、兩分鐘都不行，再犯就會被炒魷魚。因為規矩訂下來，就必須確實做到；而且得深入內心，才能發揮效果。形成習慣之

後，部屬就不會忽視其他的要求了，對各種大小事都能夠兢兢業業。有時候，他們可能會跑來說：「昨晚喝醉了，吸了大麻，打了一架，警察找上門了。」在這種狀況下，他也會盡全力幫助他們，為他們解決問題；必要時，還要提供保釋金。不過，如果他們在後面又加上一句：「所以才會遲到。」那麼廚師長就會發飆了。

總之，這篇訪談文闡述了廚房領導人的領導作法、上下之間的相處之道，以及高績效團隊的建立，不但解答了編輯的疑惑，也的確有不少值得參考之處。

另外，這個案例還有一個有趣、值得討論的地方，那就是這種領導作風另類嗎？美國編輯當然覺得另類，但生活在華人社會的人應該會不以為然吧？這不就是司空見慣、流行在華人各種組織的家長式領導嗎？廚師長所展現的樹德、施恩、立威等領導行為，是極為鮮明的：首先，他以身作則，身先士卒，做下屬的好榜樣。不但工作做得比他們好、比他們更賣力；而且上班比他們早到，下班也比他們晚走；部屬會的，他也都會。這一切所展現的，不就是樹德的德行領導嗎？同時，他總是全方位、無微不至地照顧下屬，不僅在工作或生活上關照部屬，而且也盡力保護他們，給予各式各樣的社會支持；並擴而大之，要求餐廳的股東、管理者、領班等利害關係人也得尊重他的下屬。尤其是當廚師在外面打架、被警察抓了，會為他們提供保釋金，將他們解救出來。這些領導行為與苦心，不就是仁慈領導的施恩嗎？

除此之外，他也嚴號令、明賞罰，努力建立鐵一般的紀律。除了設立一套不可踰越的規矩、嚴格要求部屬遵守之

外，對違規者的處置也很明快：遲到兩次，即行開除；搞砸了事情，一定要讓肇事者知所慚愧，並心生警惕。員工一旦踏進廚房大門，就得放棄各種自由，要服從、專心、負責；要恪守本分，保持菜餚的穩定性；絕對禁止發怒或動手動腳的；而且必須明白績效表現非常重要，要繃緊神經，上緊發條。這種嚴格要求績效、遵守規矩的行為，不就是威權領導的立威嗎？

根據家長式領導理論（第三堂），當領導者以恩德待人，建立威信，則部屬很少不崇敬擁戴他的——樹德可以贏得部屬的認同效法，施恩可以獲得部屬的感恩圖報，立威則能夠取得部屬的敬畏順從。因此，波登受到廚房部屬的愛戴是水到渠成、自然而然的。這種領導方式，在華人組織雖然十分常見；但對熟悉扁平結構、講求自主及個我主義的 HBR 編輯而言，卻顯得陌生，因此，覺得另類是可以理解的。不過，不管如何，其效果卻是有目共睹的。由於廚房是一個「令人分泌大量腎上腺素」的地方，混亂一觸即發，隨時都得因應危機的發生，因而，家長式領導是一個有效的領導方式，同時，亦具有跨地域的類推性，不管是在東方、或是西方的環境都一樣。此外，究竟這種領導作風只適用於艱難、惡劣、充滿壓力的廚房環境裡，還是也適用於其他情境中，也值得深思細察。總之，這個案例至少印證了以下的想法：在華人社會所發現的家長式領導模式與作風，也可能出現在美國社會當中，而且也與華人社會一樣有效。以下又是另外一個例證，這是一位美國傑出的大學籃球教練的故事。

百年難以超越之籃球教練的領導

美國大學籃球史上，不管是過去、現在或是未來，應該都很難超越1960到1970年代的加州大學洛杉磯分校（UCLA）所創下的紀錄：在12個賽季中，10次奪得全美大學運動聯盟（National Collegial Athletic, Association, NCAA）冠軍；1967到1973年，連續獲得七次冠軍。不僅如此，由1971到1974年，UCLA連續88場不敗，這些紀錄都很難超

越，難怪不少人推崇球隊教練應該是500年來的第一人，前無古人，後無來者，世上所有人都很難望其項背。更難能可貴的是，他也培養了不少優秀的隊員進入籃

在美國大學籃球史上享有盛名的UCLA

球名人堂，像天鉤賈霸就是其中之一。這位偉大的教練是誰呢？那就是約翰‧伍登（John Wooden），他從1948年開始帶領UCLA籃球隊，直到1975年。在27年間，除了球隊戰績亮麗之外，他也是以球員與教練雙重身分進入籃球名人堂的第一人；他所提出來的成功金字塔，更被廣泛地懸掛在全美各地的更衣室、辦公室，以及會議室之內。

約翰‧伍登出生於美國中西部的印第安那州，到UCLA當籃球教練純屬意外。據說是因為一場暴風雪的緣故，而與家鄉附近的明尼蘇達大學失之交臂，只能到更遙遠的UCLA任教。可是，失之東隅，收之桑隅，這項錯過卻開啟了戰

績輝煌的伍登與 UCLA 王朝。他到
UCLA 首先面對的嚴峻挑戰，是學校
內沒有籃球館，只能在校外練習，
硬體條件顯然不是很好。雖然如此，
初試啼聲，他帶領的 UCLA 籃球隊在
第一年就打出 22 勝 7 敗的佳績；第二
年，24 勝 7 敗，是他第一次帶隊打進
NCAA 錦標賽。看起來，他教導的都
是一些微不足道的小事，例如：如何
穿襪子與綁鞋帶，但這些看起來雞毛
蒜皮的小事，卻與球員腳底是否長

即使沒有天鈎賈霸，伍登
仍能帶領球隊贏球

水泡、是否扭到腳息息相關；他也儘量讓練習與實際比賽一
樣，使練習充滿著臨場張力，希望練習與比賽合而為一；他
要求球員要能夠自我督促，而其本人則總是以身作則，率先
做最好的模範。在他的領導之下，1964 年 UCLA 拿到了全國
冠軍，以 98 比 83 擊敗杜克，完成了 30 勝 0 敗的完美賽季；第
二個賽季，28 勝 2 敗，決賽時以 91 比 80 擊敗密西根大學，成
為歷史上第五支取得兩連霸的球隊。

　　從 1966 年起，UCLA 的黃金時代來臨了，一直到 1975 年
伍登退休為止，總共獲得八次冠軍（1967-1973、1975），其中
包括七連霸，以及錦標賽 38 場的不敗。結算下來，他的教練
生涯以 664 勝 162 敗結束，勝率在 80% 以上。顯然地，這是
一項絕無僅有、難以超越的紀錄。因為美國大學籃球不但是
一個競爭激烈的競技市場，競爭強度極高。以最高的第一級
而言，約有 350 間以上的大學競逐一座全國冠軍；而且球員

的新陳代謝極快，養成時間很短，所以教練必須在「短暫的團隊，流水的球員」的嚴酷形勢中，以十分有限的時間，打造出最堅強的團隊，難度極高。可是，伍登不但做到，而且績效傲人。

更不容易的是，伍登完全不藏私，將他的教練與領導的經驗與祕訣全盤托出，並以成功金字塔（見圖10-1）的想法公諸於世，廣為傳布，期望每個球隊都有卓越的表現。成功金字塔的概念似乎是受到彼得・杜拉克（Peter Drucker）的啟發。因為杜拉克認為，人類最偉大的經理人非獅身人面之吉薩（Giza）金字塔的建造人莫屬。的確，要建造一座流傳千古的永固建築並不容易，何況要動員巨大的人力、物力，以及指揮技術博雜的專家。成功金字塔的頂端是成功，不過伍登對成功的定義與眾不同，它指的並非是贏球，或是勝利這類事項，而是心靈的平靜。他認為，只要付出絕對的努力與發揮完全的潛能，盡力做到最好，邁向個人巔峰，止於至善後所感受到的平靜，就是成功。

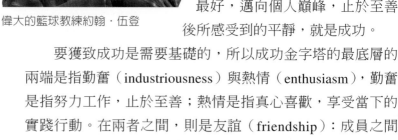
偉大的籃球教練約翰・伍登

要獲致成功是需要基礎的，所以成功金字塔的最底層的兩端是指勤奮（industriousness）與熱情（enthusiasm），勤奮是指努力工作，止於至善；熱情是指真心喜歡，享受當下的實踐行動。在兩者之間，則是友誼（friendship）：成員之間互相信任，互相尊重，憂患與共的友好風格；忠誠（loyalty）：自尊自重，敬愛其他成員的狀態；以及合作（cooperation）

：瞭解別人的想法，互相幫助，互通有無。勤奮與熱情是領導力的引擎，是優異團隊不可或缺的；而友情、忠誠及合作則是培養團隊成員之間同心協力、發揮團隊精神的基礎。在基礎與成功之間，則還有第二、三、四層的基石，包括第二層的自律、警覺、進取，以及專注等的個人認知特性；第三層的狀態、技能，以及團結等的勝任特性；還有第四層的鎮定與自信等的臨場特性。有了以上種種素質，就可以因應挑戰，發揮潛能，邁向巔峰。伍登強調選擇金字塔作為主要的表現形式，不只是要強調其想法是經得起時間考驗的，而且也是有效的教練工具，可以將領導的效果發揮到極致。

具體來說，伍登的教練領導，具有以下幾項特色：首

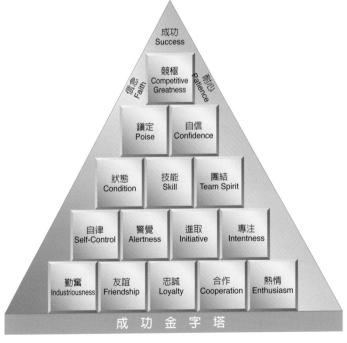

圖10-1　約翰‧伍登的成功金字塔（來源：Wooden, J., & Carty, J., 2009）

先，是身教重於言教。領導者的一舉一動，或是展現的行為，遠比言語有用，所以教練必須從自身做起，遵守制定的標準、規則，以及共同的價值觀；他必須以身作則，做球員的好榜樣，除了親身示範各種運球、罰球及防守等種種技巧之外，也要與球員一起練習、一起成長；己所不欲，勿施於人，自己做不到的事，千萬不能要求球員必須做到。至於在生活等方面，也得表裡如一、言行一致，需要堅持守時、整齊乾淨等規定，才能潛移默化，使球員具有良好的品格。

其次，要關愛（Love）球員，對待球員就如同對待自己的子女一樣，給予符合每個人需求的照顧。除了提供種種的社會支持之外，也要噓寒問暖、關心球員的課業狀況、與家人的相處情形，以及身體健康的狀況等等；更會不定期邀請球員到家裡聚餐，瞭解他們可能遇到的生活困難；甚至在感恩節或者聖誕節等重大節日，邀請無法回家過節的球員到家中共度佳節。因而，彼此之間具有十分親密與溫暖的感情。

第三，嚴格要求規矩，甚至是一些枝微末節的瑣事。例如：球員的儀容要整齊，頭髮要短，因為長頭髮會阻擋視線，使汗水滴到眼睛；短髮也比較容易乾，比較不會感冒。他也相信一位愛乾淨與謙虛有禮的球員，會比較有自信，也會有更好的表現；相對地，不整潔的習慣與傲慢的態度則會相互感染，降低全隊的整體戰力。他也要求在結束練習後，不可以隨手把毛巾丟到地板上，而要放入回收箱；在休息室裡面，不能亂丟果皮與紙屑。也因為如此，經常有學校寫信感謝他，說 UCLA 是把休息室整理得最乾淨的隊伍。他也嚴格要求助理教練與球員都要守時，球員出外比賽或練習遲

到，一定會準時發車，放他們鴿子，要他們記取教訓。另外，球員得時時刻刻付出100%的努力，因為得過且過的打折廝混作法，是不能在隨後用110%的努力來彌補的。

第四，重視獎勵而非處罰。伍登認為仔細選擇後的獎勵，一定會比懲罰來得有效，而且效果較為持久。何況獎勵的移除或保留，本身就是最有效的懲罰。獎勵不見得是物質的，而是更強調心理的，例如：重要他人給予的肯定，就是最好的獎勵，即使是一個輕拍、眨眼、點頭示意，或是幾句讚美，都有很大的增強作用。尤其是真心誠意的言語或動作，更可以讓人感受到正面的能量與積極的情緒；反之，懲罰總是帶來恐懼。當然，讚美與獎勵的分配也是因人而異的，明星球員得到關愛與讚美已經夠多了，在公開場合，這些機會儘量留給其他球員，私下才去稱讚明星球員。對球員的評斷也得小心翼翼，絕不會讓球員覺得難堪或做人身攻擊；可是必要的要求一定劍及履及，嚴格磨練，以幫助他們成長，百尺竿頭，更進一步。

以前有一些領導專家都以為，伍登的領導作風較偏向領導理論中的僕人式領導。所謂僕人式領導是指領導者以服務部屬為核心理念，擁有良好的品德，不追求彰顯自我；重視部屬的發展、挖掘部屬的潛力；充分授權，讓部屬盡情發揮，並默默地提供資源；他也會傾聽部屬的聲音，接納不同的觀點與意見，深入瞭解他們的工作需要。領導者對自己也有充分的認識，能言行一致，真誠地領導與服務部屬；並清楚地表達與溝通自己的想法，將價值觀與信念傳達給部屬。

可是，一位英國的體育學教授卻不以為然，認為伍登所

展現的領導方式，並非是僕人式領導，而是較接近家長式領導。因而寫了一篇反駁的論文，刊登在2014年的《運動科學與教練國際期刊》（International Journal of Sports Science and Coaching）上，並提出異議：有人認為伍登早年的教練生涯「因為過於墨守傳統、拘泥自己的方法，又安於一人發號施令」，所以無法成為偉大的教練；「一直等到他瞭解成為一位僕人式領導人的意義，並展現出來之後，才一飛衝天。」可是，其實伍登的領導並非是僕人式領導，而是一種家長式領導，並展現了仁慈、德行，以及尚嚴等等的領導作風。所謂尚嚴是領導者為部屬福祉著想的一種控制，嚴格要求高績效（第三堂）。作者也做了十分詳細的論述與剖析，舉出各種行為事例，來說明為什麼伍登展現的是家長式領導，而非僕人式領導。

的確，從前面所述的伍登教練的領導行為與特色來看，這種評論是十分中肯的：首先，身教重於言教，強調以身作則，做球員的好榜樣，這些內容頗接近德行領導的概念；關懷與照顧部屬，視球員如子女，隨時噓寒問暖，不就是仁慈領導嗎？嚴格要求規矩、遵守紀律，類似威權領導。可是，他更重視獎勵而非處罰，不給球員難堪，所以更符合尚嚴領導（authoritative leadership）的想法（如第五堂所述），因而，視伍登為一位強調尚嚴的家長式領導人，是比較貼切的。

總之，上述兩個案例中，可以回答華人本土領導研究是否可以對全球的領導知識體系做出貢獻的問題，答案顯然是肯定的，並可以填補過去領導研究版圖中的空白。因而，一些國際上的重要領導與管理學術期刊，也特別呼籲應該要更

重視華人等東方社會或其他地區的領導研究，並由此創新構念，發展理論，來彌補西方主流領導研究的不足，期能進一步掌握領導的內涵與精神。

華人領導研究的興起

　　華人領導研究的興起，自有其時代背景。美國詩人佛羅斯特（Frost）在〈未境之路〉（The road not taken）的小詩上說：「黃樹林中叉出兩條路，身為旅人無法同時穿越漫步……我佇立良久，選擇了人跡罕至的道路，從此邁向截然不同的旅途！」顯然地，華人領導研究與主流領導研究路線是截然不同的，一條是瀰漫著荒煙蔓草，一條則是整齊平坦的陽光大道，因而，所面對的場景應該與詩人頗為類似吧！可是，為何要選擇人跡罕至的道路呢？是因為這種道路不是多數人的選擇嗎？還是因為需要付出更多的努力來披荊斬棘，另闢新徑，而充滿著無與倫比的挑戰？理由其實很明顯，對邊陲社會而言，當只行走在陽光大道，模仿、跟隨西方所發展的概念，套用其理論，來解釋本地的組織與領導時，雖然可以信手拈來，不費太多力氣，但因為情境脈絡不同，而可能橘逾淮為枳，也可能方鑿圓枘，而減損了效果。何況社會科學需要正視本地文化價值的影響，不能忽略情境脈絡、歷史及制度的作用。因而，在楊國樞教授的倡導與號召下，臺灣與香港等華人社會於80年代開始推展華人的社會科學本土化運動。此運動肇始於1980年12月中央研究院所舉辦的「社會與行為科學研究的中國化」研討會，開啟了三、四十年來的華

人社會科學本土化研究，目前仍還在持續發展中。

與華人領導研究比較有直接關係的「中國式管理研討會」，則於 1984 年在臺北舉行，結合了產、官、學的人士，齊聚一堂，討論華夏文化與管理間的關係如何受到現代化的影響。其中，有一些主題乃在察看華人文化傳統如何與領導作風有關，並思考此關係的效果是否與西方主流領導研究的結果有所差異。當時，由於具有儒家倫理背景的東亞四小龍的經濟成長快速，而違反了馬克斯・韋伯之「華人社會無法發生資本主義」的古典判準。因此，引起全球學術界的極大興趣，且提出一些可能的假設來加以回答，包括世俗化儒家主義或後儒家假設等等，企圖解決爭議。其中一項結論是，韋伯所指的儒家主義是指宮庭式、官僚式，或是上層社會的儒家主義，而非世俗化，家族式或是中下層社會的儒家倫理，因而認為這種儒家倫理是不利於資本主義之發展的；但是，如果是後者的世俗化儒家倫理，將有所助益。於是，進一步檢視了世俗儒家倫理的內涵，以及可能的影響過程，並認為這種倫理對組織結構、團體心理及個人行為具有正面效果，因而促進了經濟的成長與發展。這類假設的驗證與討論，乃成了「中國式管理研討會」的主軸議題，討論極為熱烈。同一時間，歐陸管理學者 Hofstede 出版了一本文化價值與組織管理的書：《文化影響》（Cultural consequences），此書影響深遠，並帶動了全球學術界之跨文化比較研究的熱潮。

在此背景之下，90 年代的華人社會科學的本土化研究有進一步的開展，一方面定期舉辦研討會，一方面執行相關研究，也創辦了《（華人）本土心理學研究》期刊（Indigenous

華人本土領導是當代管理研究熱點

Psychological Research in Chinese Societies），作為研究成果的發表園地與交流平臺。於此同時，任教於香港大學的英國教授高偉定（Gordon Redding），在1991年出版了《華人資本主義的精神》（The spirt of Chinese capitalism）的專書，明示華人傳統文化的家長主義（paternalism）與人治主義（personalism）之類的價值觀，對華人企業組織的管理與領導具有重要的影響力，並以海外華人企業及其領導人的案例來加以佐證。與此類似的，則是鄭伯壎（1991）從華人家族主義的概念出發，認為家長權威與關係差異的價值，會影響華人企業的領導行為，並由此勾勒出研究架構，指出可以進行的研究議題，且以「家族主義與領導行為」為題，發表於《中國人・中國心》的專書中。當時，此架構雖然只是略具雛形，但後來其團隊所進行的華人領導研究，多是依循此一思考脈絡與理論架構來深化的，並由家長權威（或尊尊法則）衍生出家長式領導，再獨立出威權、仁慈及德行等三種領導；而關係差異（或親親法則）則衍生出差序式領導，並進行較有系統的實徵性驗證。後來，又在套序格局或合合法

則的基礎上，加入謙遜領導與神聖領導的類型。

邁入二十一世紀之後，由於受到全球化思潮的影響，本土化與跨文化比較研究受到更多的重視，理由是雖然人類的日常生活似乎更為現代化，但文化全球化的結果，並非是地方全球化的興起，使得全球文化更趨於雷同或一致；反而是朝向全球地方化發展，不但突顯了各國各地的文化差異，也使得全球文化更趨於分歧與多元。因而，像星巴克咖啡在北京紫禁城內開分店，竟然引起了文化侵略之類的軒然大波。在此狀態下，「一種心靈，多種樣態」（one mind, multiple mentalities）的想法乃蔚為流行，並受到研究者的重視。在此趨勢之下，再加上中國經濟在日本與東亞四小龍之後開始快速成長，於是華人的管理與領導研究，乃成為全球學術界的重要研究焦點。

為了反映時代脈動，全球最大管理學術社群的美國管理學會乃於2011年以「西方遇見東方」（West Meets East）為主題，深入討論可能的新興組織與管理議題，並於2015年在《美國管理學會期刊》（Academy of Management Journal, AMJ）出版專刊。在專刊中特別強調，由於當前管理學的概念與理論，大多是在1950至1980年提出的，反映的是當時北美與西歐的情境脈絡，不見得符合當代的全球化趨勢與當前的工業社會需求，因而，必須掌握時代脈動，另起爐灶，努力創新。而且，依照構念演化的理論，這些概念與模式都已經邁向成熟期，知識創新有限，而需要注入更多的活水源頭。除此之外，所謂「他山之石，可以攻玉」，也許在東方等其他文化區開疆拓土，可以放大視野，而有更進一步

的突破。理由是這些地區的知識傳統、哲學理念，以及機構建制，不少是與西方大異其趣，而可擴大西方的視框，並超越窠臼，獲得有趣、豐富及創新的啟發。同時，亦指出西方在進行東方概念的檢視時，需要注意構念的對等性（equivalence）、顯著性（salience），以及增新性（infusion）等等的判準。

在時代背景的催化與當代思潮的助長之下，華人的領導研究成果受到更多的注目。其中，家長式領導即為最佳例證之一，它一方面填補了馬克斯·韋伯以來，對傳統支配缺乏瞭解的學術空白，一方面也成為新興的領導研究議題，而在不少文化區下進行檢證。由本堂開頭的兩個美國領導人案例可以得知，這種領導形式不只存在於東方，亦可能存在於西方，而且也具有類似的效果。因而，其所採行的華人本土化研究路線，亦獲得了正當性的肯定。

究竟本土化研究有何獨到之處，而能避開獨尊北美學術的客位化研究路線的陷阱呢？首先，這種作法是先將西方主流理論存而不論，以免受其影響；接著，再貼近華人組織領導的現場，進行仔細觀察，並對現象做鉅細靡遺的厚實描述，且掌握特定文化質素的影響；進而提出可能的研究架構，發展可供驗證的研究假設，以形成科學研究之歸納與演繹的循環，一方面深化領導概念與模式，一方面改善工具，並進行行動研究（action research），以瞭解其實踐的效果。

當本土化理論的建構較為成熟之後，就進入了全球化研究的階段，進行此一理論的跨國與跨文化類推研究，來查看此類理論的外部效度或全球各地的適用狀況，且與其他地

區的本土化領導理論（例如北美的研究）進行對話，彼此互相辯詰討論，期勾勒出更完整之領導面貌。也就是說，由於華人社會屬於高權力距離地區，因此，其研究成果除了可以作為儒教文化圈之中國、韓國、日本及新加坡參考之外，亦可對南美、中亞、南歐、中東之高權力距離地區有所啟發，而使得本土化領導研究成果得以國際化，且與主流領導理論進行對話，以創造出「具普世價值之本土化知識」（local knowledge with global significance），或是促使理論進行情境化的分析考察，而可以瞭解理論之類推性，以及是否能廣泛地運用到其他情境上，進而推動當前的領導理論產生創造性的轉化，使人類的領導知識有進一步的擴充可能（有關華人領導的研究路線如圖10-2所示）。

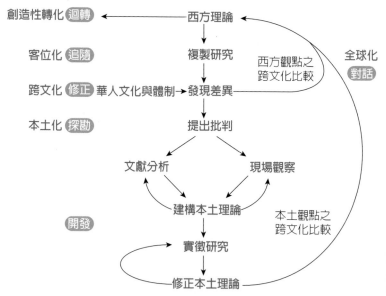

圖10-2　華人領導研究的可能路線（來源：鄭伯壎、黃敏萍，2013）

248

華人組織中的多元領導

　　經過多年的省思與努力，華人領導研究者應該都已經十分瞭解：完全依賴西方理論來掌握華人的領導現象，可能會削足適履，而顯得格格不入；同時，對創新領導理論也似乎幫助不大。因而，不但很難對全球的知識創造有所貢獻，而且對本地的領導實踐也可能無法提出有效的建議。所以，必須另闢蹊徑，從華人的文化及其所處的環境脈絡來加以突破，期發現一些重要的領導法則，並據以提供洞見，一方面進一步理解華人領導的心理、行為，以及其中的影響機制，一方面對世界的領導學術作出貢獻。

　　經過二十餘年的投入，對華人社會常見的領導方式與內涵，已有更為透徹的瞭解，也可以發現這些領導作法其實是具有多元風貌的，至少包括了差序、威權、仁慈、德行、謙遜、神聖等等的領導形式，以及結合威權、仁慈及德行三種成分而來的家長式領導。也就是說，本書至少介紹了七類領導作風，這些風格在華人社會都頗為常見，但其內容互異，且展現了不同的行為特徵與影響效果。另外，也發現有些領導作風不但流行於華人社會當中，在全球其他的社會亦頗為常見，具有某種程度的全球普同性。

　　顯然地，這些領導作風都足以反映華人社會，甚至人類社會中的某些價值。以差序式領導而言，彰顯的是親疏遠近與賞罰分明的親親與差別價值；威權領導突顯了尊尊之尊卑有別，以及上下權力差距的預設；仁慈、德行及謙遜的領導作風則分別顯現了一些人類社會的終極價值或是符合「合合法則」的價值，包括慈愛、誠信，以及謙虛等等的美德，這

也是當代正向心理學或正向組織行為學所著重的積極價值；神聖領導則反映出領導者的慈悲與濟世價值，並透過理念來感召追隨者投入助人的志業當中。至於家長式領導則綜合了威權、仁慈及德行的尊尊、親親的混合價值。就普遍性來說，有些價值是較具華人獨特性的，例如：親親與差序；有些價值則具有普世性，例如：仁愛、誠信及謙遜等等。因而，前者可能較不容易進行跨文化類推；但後者則較容易進行移植。

　　為了明示各種領導作風的內涵與特色，本書亦盡可能找出可以對應的活生生案例，以幫助理解。這些案例都是表現傑出、事業有成的華人領導者，也是家喻戶曉的人物。他們一方面建立了影響深遠的組織，而改變了社會；一方面也締造了個人的歷史，而變得不平凡。雖然其所顯現的領導作風不同，但仔細審視這些領導人的個人屬性時，卻可以發現異中有同，同中有異。

　　以相異的部分來說，他們分別來自不同的領域，有的是政治組織的領導人（如李光耀），有的則是來自宗教組織（如釋證嚴），而大多數人則是企業組織的領導人，並含括電子業（如郭台銘、杜紀川、孫大衛）、化工業（如王永慶、許文龍），以及服務業（如周俊吉）。有些人已經作古或完全退隱，而逐漸消失在大眾眼前；有些人則還在努力不懈，希望再次創造歷史。有一位是女性，其餘為男性；有些是美籍華人或是新加坡華人，多數為臺灣華人。有些人事必躬親，親力親為，全力投入其領導角色當中；有些人則往往賦權給部屬，偶爾才進行指點提示；更有的只是一種名義領導人，純

靠理念帶領追隨者。

　　以相同的部分來說，他們都是由無而有，締建組織的創業家型人物，不但編寫出新的故事版本，也改寫歷史，對當代社會發揮了相當大的影響力；他們都具有非凡的遠見與創意，能夠彰顯人的生命意義與存在價值，因而贏得了追隨者的信從；他們所創造的組織形式，亦改變了所處的領域或產業的面貌。從許多方面來看，他們都是一般人所欽羨的對象，不但表現優異，而且名滿天下。

　　進行這些案例的比較，顯然是一件相當有趣的事，因為過去很少有人將之合併在一起討論，而且針對不同的問題，可能會得出迥然不同的答案，顯示出有效領導的多元性。尤其在查看化工業的王永慶與許文龍的經營風格時，更可以看出這種清楚的對比。同時，亦可進一步發現：雖然人是文化的載體，文化價值可以型塑領導人的個人價值觀，並展現在領導作風上，但由於每個人各有其成長環境，歷練背景亦多所不同，所以文化價值的影響可能不同，於是所展現的領導作風也不太一樣，因而才有威權、仁慈、德行、差序、謙遜及神聖等等不同的領導模式。

　　在西方主流的領導文獻中，以上這些領導模式都甚少提及；即使有，也多止於蜻蜓點水，一筆帶過，或是有所誤解。例如：《Bass 與 Stogdill 領導手冊》（Bass and Stogdill's Handbook of Leadership）是當代最為重要的領導經典工具書，可稱為領導研究的「聖經」，蒐羅的領導研究論文超過六千篇，可是所提及的東方領導研究卻極為有限，而且誤以為儒家心目中的理想領導者善用賞罰兩柄。由此可見，不少

領導人的培育是組織擴張的根本

主流文獻都不是特別瞭解華人文化價值與領導的關聯，因而，本書正好可以填補此項空白。

本書雖然很少言及其他研究者對各種領導問題的探討，但絕不意味著有意忽視他們的研究成果。相反地，有關領導者個人特質與行為情境的影響效果、文化價值與領導的關係，以及種種領導模式之建立的研究成果，都令人受益匪淺。只是由於這些領導研究成果都已公諸於世，而且本書是聚焦於華人領導的，不太需要大費周章地鋪陳這方面的發現。

最後，要特別提醒的是，雖然已有不少地方都建立了領導人的培育制度，可是卻往往徒具形式，而無法發揮良好的效果。也許對不少人來說，領導只是一種附屬品，可有可無，並不需要認真以對；有些人則以為，領導者深具神祕魅力，行事作風隱而不顯，所以無法描述與分析，遑論培養。更嚴重的是，有許多人認為領導者是自然形成的，或是只有在特定環境下，才偶然出現的，所以並不需要刻意栽培。基於以上種種原因，以致符合標準的當代領導人人數十分有限，甚至到處充斥著不領導、亂領導，以及爛領導的情形，而戕害了社會的進步與大眾的福祉。

總之，在人的想像中，領導經常是以兩種鮮明的立場存

在：一種是人人可以成為領導人，領導很容易；一種是領導是天生的，需要擁有魅力，是後天無法培養的。這些看法南轅北轍，但顯然都是錯誤的，事實上，領導是可以學習的，但必須專注與認真，願意在這個課題上努力投入，持續鑽研歷練，方可能成為一位有效的領導人。對養成機構而言，為了培養負責而有效的領導人，就必須建立良好的培育制度，且傳授經過縝密思考的領導知識，以協助未經啟蒙的外行大眾掌握領導的本質與精神，並充分瞭解一個領導人的有所為與有所不為，其基本原理何在？但願本書可以達成上述目標，並避免臺大領導學程與南湖大山縱走事件再度發生。除此之外，更要切記，領導之道乃在於利公利人，而非利私利己！

課堂總結

　　華人領導的研究成果究竟能否應用在全球的其他文化區中？這個問題的答案，顯然可以從本堂的兩個案例中獲得解答。也就是說，本土的知識雖然是屬於一種地方性的構念——事實上，當代主流的領導知識也是一種屬於西方的地方性構念，但如果具有全球的重要性，則具有跨文化、跨地域的類推價值。這種本土性的研究作法，雖然比移植與複製主流知識更加艱難，耗費的時間更多，但卻可創發出新穎的知識，並促使主流領導理論產生創造性轉化，而能進一步擴充人類對領導的理解。

進階讀物

關於紐約大廚的故事可以參見 Morse, G.（2002）. Management by fire: A conversation with chief Anthony Bourdain. *Harvard Business Review, 80*（7）；對美國偉大籃球教練 John Wooden 的領導作風與評價，可以參見 Jenkins, S.（2014）. John R. Wooden, Stephen R., Covey and servant leadership. *International Journal of Sports Science and Coaching, 9*（1）, 1-23. 這兩位都是美國響叮噹的知名傳奇人物，關於他們的書籍文獻不少，讀者可以自行參閱。

對於華人領導研究路線的回顧，可以參閱鄭伯壎、黃敏萍（2013）：〈戰後六十年來的臺灣領導研究：客位化、本土化及全球化〉，見林建甫（主編）：《海峽兩岸人文社會科學研究的回顧與展望（1949-2009）》（115-148頁），臺北臺大出版中心出版；或是鄭伯壎、姜定宇、吳宗祐：〈臺灣領導研究十年回顧〉，見鄭伯壎、姜定宇、吳宗祐、高鳳霞（主編）：《組織研究在臺灣四十年：深化與展望》（148-171頁），臺北華泰文化出版。

書籍訂購方式

直接至五南出版門市購書

：台北市和平東路二段339號4樓
時間：週一至週五上午 9：00 ～ 12：00；
下午 1：00 ～ 6：00

網路購書

文化事業機構網址：http://www.wunan.com.tw
網站會員即享各種優惠：
79折，教師會員8折、學生會員85折，一般會員9折

團體購書

洽詢 02-2705-5066 分機824 學校組／分機889 通路組

海外購書

洽詢 02-2705-5066 分機824 學校組、分機889 通路組
傳真：02-2706-6100、mail方式留下您的資料，將有專人與您聯繫

其他訂購方式

劃撥
將書款(含運費)匯入本公司帳戶
戶名：五南圖書出版股份有限公司／帳號０１０６８９５３
將姓名、寄書地址、聯絡電話、購買書籍填寫好，連同收據傳真至本公司。
如需開立三聯發票者，請註明抬頭與統一編號。
國內運費：
購買金額未滿1,000元，需付郵資60元。
滿1,000元以上(含1,000元)免運費。

卡傳真
接受Visa、Master、聯銀卡，將信用卡訂購單傳真至02-2706-6100，將有專人為您服務。

國家圖書館出版品預行編目(CIP)資料

華人領導的十堂必修課/鄭伯壎著.--二版.--臺
北市：五南圖書出版股份有限公司, 2024.06
面；　公分
ISBN 978-626-366-903-1(平裝)

1.CST: 企業領導　2.CST: 組織管理

494.2　　　　　　　　　　112021639

1BI3

華人領導的十堂必修課

作　　者 ― 鄭伯壎

發 行 人 ― 楊榮川

總 經 理 ― 楊士清

總 編 輯 ― 楊秀麗

副總編輯 ― 王俐文

責任編輯 ― 金明芬

封面設計 ― 姚孝慈

出 版 者 ― 五南圖書出版股份有限公司

地　　址：106台北市大安區和平東路二段339號4樓

電　　話：(02)2705-5066　傳　　真：(02)2706-6

網　　址：https://www.wunan.com.tw

電子郵件：wunan@wunan.com.tw

劃撥帳號：01068953

戶　　名：五南圖書出版股份有限公司

法律顧問　林勝安律師

出版日期　2017年1月初版一刷（共三刷）
　　　　　2024年6月二版一刷

定　　價　新臺幣480元

本書內文所使用照片除p.25、p.35、p.86、p.90、p.98、p.1
p.119、p.129、p.134、p.140、p.151、p.159、p.172、p.1
imagemore圖庫，p.47、p.77、p.158、p.160、p.163、p.1
p.175、p.207為imageDJ圖庫，p.220、p.223為exceimage圖庫外
則為IDJ圖庫提供。

※版權所有·欲利用本書內容，必須徵求本公司同意※

五南
WU-NAN

全新官方臉書

五南讀書趣

WUNAN
Books
since1966

Facebook 按讚

1 秒變文青

五南讀書趣 Wunan Books

★ 專業實用有趣
★ 搶先書籍開箱
★ 獨家優惠好康

不定期舉辦抽
贈書活動喔！

經典永恆・名著常在

五十週年的獻禮——經典名著文庫

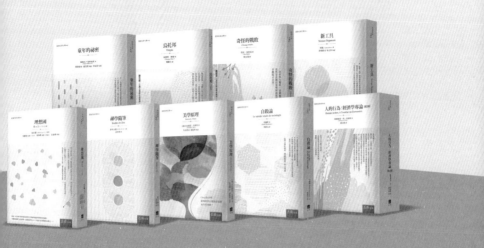

五南，五十年了，半個世紀，人生旅程的一大半，走過來了。

思索著，邁向百年的未來歷程，能為知識界、文化學術界作些什麼？

在速食文化的生態下，有什麼值得讓人雋永品味的？

歷代經典・當今名著，經過時間的洗禮，千錘百鍊，流傳至今，光芒耀人；

不僅使我們能領悟前人的智慧，同時也增深加廣我們思考的深度與視野。

我們決心投入巨資，有計畫的系統梳選，成立「經典名著文庫」，

希望收入古今中外思想性的、充滿睿智與獨見的經典、名著。

這是一項理想性的、永續性的巨大出版工程。

不在意讀者的眾寡，只考慮它的學術價值，力求完整展現先哲思想的軌跡；

為知識界開啟一片智慧之窗，營造一座百花綻放的世界文明公園，

任君遨遊、取菁吸蜜、嘉惠學子！